LA SEÑAL

JUAN CARLOS MARTINO

LA SEÑAL.
REVOLUCIÓN EN EL PARADIGMA CIENTÍFICO Y TEOLÓGICO DE LA
ESPECIE HUMANA EN LA TIERRA.
Versión 1.

Printed by Create Space.

ANUNCIO

A LA CIVILIZACIÓN
DE LA ESPECIE HUMANA EN LA TIERRA

QUEBRANDO LAS BARRERAS DE ESPACIO Y TIEMPO

REVOLUCIÓN EN EL PARADIGMA CIENTÍFICO Y TEOLÓGICO DE LA ESPECIE HUMANA EN LA TIERRA

¿QUÉ LE RESUELVE AL SER HUMANO COMÚN?

A todos los seres humanos, sin excepción alguna por ninguna razón racial, cultural o estado social, crean o no crean en Dios, es decir, en alguna de las versiones predominantes de nuestro Origen, versiones racionalmente limitadas y fuertemente condicionadas culturalmente;

A los líderes científicos, teológicos y sociales que orientan o influencían en los desarrollos individuales y colectivos de los seres humanos, sus asociaciones e interacciones;

A los diseñadores de la civilización, del modelo de asociación humana;

A todos quienes buscan respuestas a las inquietudes fundamentales de nuestra especie humana presente en la Tierra, inquietudes que se plantean bajo diversas versiones entre las que se destacan las siguientes,

¿Por qué ni la ciencia ni la teología pueden resolver los serios problemas globales que afectan a la civilización de la especie humana en la Tierra desde el inicio de nuestra experiencia en este planeta, a pesar de los grandes desarrollos racionales y de tecnologías?

¿Por qué ni siquiera Dios lo hará, ni aquí ni en ninguna civilización de seres conscientes cuya asociación se desarrolle bajo un marco de referencia como el que actualmente prevalece en la civilización de la especie humana en la Tierra, marco de referencia por el que se rigen nuestras asociaciones humanas y los desarrollos del proceso racional para entender el proceso existencial consciente de sí mismo, nuestra relación con él, y

nuestras funciones y propósitos individuales y colectivos en él?

¿Por qué pocos individuos, muy pocos, logran alcanzar a realizar las experiencias de vida que desean, o crear propósitos desde las circunstancias por las que pasan o en las que llegan a esta manifestación de vida temporal?

En diversas civilizaciones de la especie humana en diferentes tiempos o épocas de nuestra experiencia de vida en la Tierra se nos prometió que alcanzaríamos a entender los misterios del proceso existencial.

En nuestro presente, ahora,

ha sido puesta a nuestra disposición la información primordial más importante para el desarrollo de nuestra especie humana como componente inseparable del proceso existencial consciente de sí mismo, y conforme a su naturaleza como un subespectro de la estructura de interacciones por la que se sustenta la Consciencia Universal,

Origen de Dios, el Universo y el Ser Humano

Evidencia Racional
Confirmada Científicamente
Experimentada en el proceso SER HUMANO

Revolución en el paradigma científico y teológico de la especie humana en la Tierra por el que rige su desarrollo de entendimiento de su proceso ORIGEN, el proceso existencial consciente de sí mismo cuya limitada interpretación racional actual es Dios, con Quién nos relacionamos por alguna de nuestras versiones fuertemente condicionadas culturalmente.

Finalmente, todos los seres humanos tenemos todo cuanto necesitamos no sólo para alcanzar y entender la información primordial del Origen Absoluto de TODO LO QUE ES, TODO LO QUE EXISTE, Todo lo que Experimentamos, sino también para saber y entender desde dónde y cómo la recibimos; y más que nada, para saber cómo usarla y por qué nos conviene hacerlo.

Tenemos las respuestas a las inquietudes fundamentales del ser humano, comunes a todos los seres humanos y que incluyen las versiones antes dadas, y las orientaciones para entenderlas e incorporarlas a nuestras estructuras de consciencia.

La información primordial de la que disponemos al alcance de todos, no sólo de científicos y teólogos, nos provee las soluciones a los dos mayores retos racionales de nuestra civilización de la especie humana en la Tierra, científico uno, teológico el otro, soluciones por las que se nos abren las puertas para hacer realidad la más grande experiencia de la especie humana, colectiva e individualmente; para hacer realidad la más grande creación a la que pueden dar lugar todos y cada uno de los seres humanos por sí mismos desde el nivel de desarrollo de consciencia individual que hayan alcanzado.

Las soluciones fueron alcanzadas siguiendo el *Marco de Referencia Primordial* por el que se rige y se manifiesta a sí mismo el proceso existencial consciente de sí mismo, el proceso ORIGEN del que son componentes inseparables los procesos UNIVERSO y SER HUMANO.

El *Marco de Referencia Primordial* es el mismo por el que debe guiarse el ser humano para desarrollarse en armonía con el proceso del que proviene, del que es parte inseparable y con el que interactúa permanente, incesantemente, ya sea inconsciente o conscientemente; y para experimentarse plenamente frente a él creando la mejor versión de sí mismo a la que alcanza, las experiencias de vida que desea, o un propósito frente a las circunstancias de vida a las que tenga que enfrentarse o en las que fue dado a esta manifestación de vida temporal.

Los dos mayores retos racionales son los siguientes,

- Origen y evolución del universo, de nuestro universo, que es el entorno o ambiente del Universo Absoluto, de la Unidad Existencial o de la fuente primordial absoluta que se alcanza desde la Tierra; origen y evolución que la ciencia observa, explora, y modela matemáticamente, aunque limitadamente, por el actual Modelo Cosmológico Convencional;

- Estructura energética de la TRINIDAD PRIMORDIAL que la Teología Cristiana reconoce como *Padre, Hijo y Espíritu Santo (Espíritu de Vida)*, de la que es parte la trinidad sobre la que se sustenta el proceso SER HUMANO, la trinidad *alma-mente-cuerpo* que todos los seres humanos reconocemos y experimentamos de alguna manera.

  Sobre esta estructura energética tienen lugar las interacciones de los complejos arreglos de información y experiencias en las diferentes dimensiones de espacio y tiempo que sustentan la Consciencia Universal, Dios, que es la componente consciente de sí misma del proceso existencial, de la FUNCIÓN EXISTENCIAL CONSCIENTE DE SÍ MISMA de la que somos unidades inseparables nosotros, los seres humanos, las individualizaciones del proceso SER HUMANO que tiene lugar en una dimensión particular del proceso UNIVERSO.

"¿Origen de Dios, el Universo y el Ser Humano?"

Sí, origen realmente absoluto.

**¿Qué más absoluto que el origen de
TODO LO QUE ES,
TODO LO QUE EXISTE,
y Todo Lo Que Experimentamos;
el Origen de Dios, el Universo y el Ser
Humano?**

Los procesos UNIVERSO y SER HUMANO son componentes inseparables del proceso existencial, del proceso ORIGEN de todo lo que experimentamos y del que llevamos toda la información en nuestro propio arreglo trinitario *alma-mente-cuerpo*.

Ciencia y Teología tienen el principio fundamental de la inteligencia inherente al proceso existencial, principio que viene siendo exhaustivamente confirmado por la ciencia:

"Ningún proceso existencial real puede dar lugar sino a un aspecto de sí mismo en una dimensión energética limitada, o a una copia o réplica a imagen y semejanza de sí mismo en otra escala funcional o de inteligencia, es decir, en un subespectro del proceso ORIGEN".

Si hay alguna manera energética de conectar los procesos ORIGEN, de donde vienen la señales primordiales, y el SER HUMANO, incluso sin conocer todavía la estructura energética (hoy a nuestro alcance), es a través de los *sentimientos y las emociones primordiales* (no nuestras versiones culturales).

Los *sentimientos* y las *emociones primordiales* tienen lugar en dos dimensiones energéticas diferentes de la estructura de Consciencia Universal, y el enlace entre ambas es a través de la pulsación del manto energético universal que tiene lugar en un subespectro que sólo se detecta y decodifica por la configuración espacio-tiempo del arreglo molecular de vida del ser humano. La estructura trinitaria del ser humano es un colosal sistema resonante modulador-demodulador que desarrolla la consciencia de su vinculación con la dimensión de la que proviene a partir de un estado de consciencia de base con el que es dado a esta manifestación temporal.

¿Qué tanto hay a nuestra disposición?

¿Está todo realmente al alcance de todos?

¿Para qué?

¿Qué nos resuelve?

Origen de Dios, el Universo y el Ser Humano Ref.(A).1.

Modelo Cosmológico Unificado Científico-Teológico Refs. *(A).1 y 2*.

Relación energética entre los procesos ORIGEN, UNIVERSO y SER HUMANO Refs.(A).3, 5 y 6.

Marco de Referencia Primordial Ref.(A).1.

Teoría Unificada Ref.(A).2.

La Relación Primordial entre espacio y tiempo Ref.(A).2.

UNA NOTA PRELIMINAR.
Introduciremos una descripción completa de lo que se encuentra a nuestra disposición, de todos, y luego iremos a las diferentes áreas de intereses del ser humano. El interés del ser humano determina lo que realmente podemos alcan-

zar, todos y cada uno, es verdad; pero hay algo fundamental que nos interesa absolutamente a todos los seres humanos, sin excepción alguna, que tiene que ver con esta información. No necesitaremos entrar en los detalles de esta información compleja, inicialmente inaccesible, para reconocer la vinculación entre esta información y lo que nos interesa en la vida, sea lo que sea que nos interese a cada uno. Eventualmente, cada uno y todos, y conformes a nuestras áreas de intereses individuales, visualizaremos la importancia de aplicar los aspectos al alcance de todos acerca de esta información del proceso existencial, y particularmente acerca del *Principio Primordial* por el que se rige y que se extiende al proceso SER HUMANO para realizarse plenamente a sí mismo. Los problemas globales de la civilización de nuestra especie en la Tierra y la infelicidad y el sufrimiento humano son sólo las consecuencias de nuestra ignorancia, de nuestra falta de consciencia del proceso existencial del que somos partes inseparables, y de nuestras versiones culturales del temor primordial. Algo debemos adelantar en este momento, y es que el desarrollo intelectual no conduce necesariamente a desarrollo de consciencia acerca del proceso existencial, y prueba de ello es el estado global de la civilización humana en la Tierra, estado indicado por los problemas en las asociaciones humanas y sus interacciones entre ellas y sus individuos, y con las manifestaciones de vida y el entorno energético que nos sustenta; estado que ni ciencia ni teología resuelven.

Partiendo desde el Origen Absoluto de TODO LO QUE ES, TODO LO QUE EXISTE y de Todo Lo Que Experimentamos, el Origen de Dios, el Universo y el Ser Humano, la especie humana presente en la Tierra tenemos a nuestra disposición y al alcance de todos el *Modelo Cosmológico Unificado Científico-Teológico* que nos describe el proceso existencial consciente de sí mismo, Dios, y su relación con nuestro universo y el ser humano.

El proceso existencial es compuesto por todas las redistribuciones de energía, la re-energización de las estructuras materiales, sus disociaciones, reasociaciones, y las interacciones entre estructuras de información y las comparaciones entre sus efectos en diferentes entornos y tiempos, que tienen lugar dentro de la Unidad Existencial, del Universo Absoluto del que nuestro universo es uno de sus componentes. Estas últimas, interacciones y comparaciones, sustentan la Consciencia Universal que se establece y define sobre un subespectro del proceso existencial.

Más precisamente definido,
El Modelo Cosmológico Unificado Científico-Teológico, energéticamente confirmado por la ciencia y experimentable por el proceso SER HUMANO (que es un subespectro del proceso ORIGEN), *es la descripción de sí mismo* del proceso existencial consciente de sí mismo, del proceso ORIGEN para unos, de Dios para otros[a].

A diferencia del modelo cosmológico prevalente actualmente, el *Modelo Cosmológico Unificado Científico-Teológico* es para todos, no sólo para quienes se desarrollan bajo las disciplinas racionales de ciencia y teología, y contiene información primordial válida para todos, que todo ser humano, simple, común, necesita para experimentarse a sí mismo conforme a su individualización en el mundo, en el entorno energético y en el ambiente social en el que se encuentra manifestado temporalmente.

El Modelo Cosmológico Unificado Científico-Teológico incluye la siguiente información fundamental para nuestro desarrollo de consciencia, de entendimiento del proceso existencial, y para asumir nuestra función y propósito en él,

- La Unidad Existencial (o Universo Absoluto del que nuestro universo es un componente temporal) a que da lugar y sustenta la Fuente Energética Absoluta a cuya configuración y mecanismo de redistribución podemos llegar a través de la mente humana que es un subespectro de la Mente Universal; configuración y mecanismo confirmados en el universo, en el entorno o "vecindario" de la Unidad Existencial que alcanzamos desde la Tierra y que se encuentra en el subdominio o dimensión energética *material* del proceso existencial;

- *Geometría binaria* de la Unidad Existencial, del hiperespacio (espacio energético) multidimensional de naturaleza binaria;

- Naturaleza y fuente de la energía;

- Naturaleza del espacio absoluto y el tiempo primordial;

- Relación primordial entre espacio y tiempo que se confirma en la interacción entre los dos dominios energéticos del proceso existencial que resulta en el *subdominio material* sobre el que tiene lugar el proceso UNIVERSO.

  Esta relación es dada por una *hebra energética primordial* que en nuestro espacio de referencia, espacio matemático, se representa y describe por la serie matemática cuyo valor límite es la constante e, la base de los logaritmos naturales;

- Origen de la pulsación primordial del fluído primordial cuya distribución genera los campos de fuerzas universales.

  La pulsación primordial, de la que la radiación cósmica es parte, re-energiza no sólo al *Sistema Termodinámico Primordial* de la Unidad Existencial, sistema del que es componente nuestro universo, sino que estimula y sustenta las interacciones entre los arreglos energéticos de la Consciencia Universal y la intermodulación o las interacciones entre los componentes del manto energético primordial; intermodulación por la que se transfiere la información de vida entre las estaciones en el universo que permiten la concepción de las manifestaciones de vida y sustentan sus desarrollos, siendo estas manifestaciones de vida unidades de inteligencia del proceso existencial y de la estructura de su componente consciente de sí misma, de la Consciencia Universal;

- Proceso de adquisición de masa por un entorno del espacio absoluto; proceso cuya versión elemental tiene lugar en la *hebra energética primordial* representada por la serie matemática cuyo valor límite es la constante e;

- Mecanismo de re-energización de las partículas primordiales;

- Inteligencia y mecanismo que dieron lugar a nuestro universo en un evento hoy interpretado limitadamente en el fenómeno denominado Big Bang;

- *Principio Primordial, Armonía,* por el que se rige el proceso existencial y las interacciones por las que se sustenta la Consciencia Universal, que se describe por una expresión racional en nuestro espacio de referencia, en el espacio matemático.

De la expresión que describe el *Principio Primordial de Armonía* nuestra ciencia ya tiene una versión de validez local.

Una vez más, destacamos que,

El Principio de Armonía es por el que se rige el proceso existencial todo, es decir, el proceso ORIGEN y todos sus componentes, entre ellos los

—

7

procesos UNIVERSO y SER HUMANO;

- *Funciones Primordiales Inversas del Algoritmo de Control del Proceso Existencial* por las que se gobiernan todas sus redistribuciones y las recreaciones de sus componentes temporales;

- *Sistema Termodinámico Primordial* que le permite a la ciencia alcanzar, hacer realidad, la *Teoría de Todo* o *Teoría Unificada*.

La *Teoría de Todo* es un marco de referencia coherente y consistente que empleando modelos matemáticos y abstracciones de estructuras físicas nos permite explicar y relacionar todos los aspectos físicos y de funcionamiento y evolución del universo, de nuestro universo, y predecir globalmente su fenomenología energética (nunca en detalles en las dimensiones energéticas a las que no alcanzamos físicamente; hoy podemos entender claramente el *Principio de Incertidumbre* inherente a nuestra estructura energética sobre la que se sustentan las individualizaciones del proceso SER HUMANO).

La *Teoría de Todo,* que es parte del *Modelo Cosmológico Unificado Científico-Teológico,* permite establecer un modelo coherente y consistente entre la sustancia primordial de la que todo se genera o recrea, o el éter de nuestros ancianos, y la radiación cósmica universal y todos los campos de fuerzas universales; particularmente en relación a estos últimos, unifica, consolida plenamente las dos teorías fundamentales sobre las que se sustenta el desarrollo de la ciencia en el presente, las *teorías de la relatividad general y del campo cuántico*, teorías que hasta ahora permanecen incompatibles a pesar de que proporcionan una gran precisión en sus dominios de aplicación. Todos los campos de fuerzas son modulaciones temporales sobre un campo pri-

8

mordial.

Este modelo es absolutamente confirmado por la base, que ya tenemos, de las dos *Funciones Inversas Primordiales de Redistribución Energética* y todas sus versiones por las que se conforma la super Serie matemática que sobre un espacio de referencia nos describe el *Principio Primordial* que rige la composición y distribución de todos los componentes temporales del proceso existencial, y sus interacciones.

De esta super Serie se derivan todas las versiones en todos los entornos espaciales y temporales del proceso existencial, y entre ellas, la versión por la que se rige la evolución de las componentes del proceso UNIVERSO, de interés inmediato para la ciencia, y la versión que rige los desarrollos de consciencia de los componentes temporales del proceso SER HUMANO, de interés para todos, al alcance de todos;

- Mecanismo de transferencia de la información de vida;

- Mecanismo de re-energización de las estructuras energéticas cuyos arreglos permiten la concepción y desarrollo de las formas de vida;

- Estructura energética de la TRINIDAD PRIMORDIAL que la Teología Cristiana reconoce como *Padre, Hijo y Espíritu Santo (Espíritu de Vida)* de la que la trinidad humana *alma-mente-cuerpo*, reconocida por todas las civilizaciones y sus culturas y experimentada por todo ser humano, es una réplica a *su imagen y semejanza*.

Por la Mente Universal, a través de nuestro proceso racional local, podemos penetrar a todos los entornos de la Unidad Existencial sobre la que tiene lugar y sustenta el proceso existencial, incluyendo la estructura de la TRINI-

DAD PRIMORDIAL.

La estructura energética de la TRINIDAD PRIMORDIAL incluye el componente inmutable, Espíritu de Vida, que supervisa el proceso de la redistribución energética de la Unidad Existencial toda, y rige las interacciones que definen y sustenta la FUNCIÓN EXISTENCIAL CONSCIENTE DE SÍ MISMA que tiene lugar en un entorno en particular de la Unidad Existencial, entorno sobre el que también se define y sustenta el *Sistema Termodinámico Primordial* que le permite a la ciencia hacer realidad la *Teoría Unificada o Teoría de Todo.*

La estructura de la TRINIDAD PRIMORDIAL nos permite reconocer la relación inseparable entre las fuerzas primordiales de los campos de *gravitación e inducción* con los de las fuerzas primordales de la estructura de la Consciencia Universal, las fuerzas de *amor y temor.*

El *Modelo Cosmológico Unificado Científico-Teológico* está a nuestra disposición, de todos.

Todos los aspectos energéticos que sirven de base a este modelo se confirman en las observaciones y la fenomenología energética del proceso UNIVERSO que alcanzamos desde la Tierra.

No hay un solo aspecto que conduce al *Principio Primordial de Armonía* que no se haya confirmado por la ciencia y experimentado por el proceso SER HUMANO.

En el Apéndice se encuentran listados todos los libros por los que se sustenta este ANUNCIO A LA CIVILIZACIÓN DE LA ESPECIE HUMANA EN LA TIERRA.

El listado se encuentra en el orden que se sugiere para revisar el material disponible; orden que se ajustará individualmente conforme a las áreas de intereses de cada lector frente al breve resumen que acompaña a cada título disponible.

¿Está todo realmente al alcance de todos?

Sólo hay una manera de saber hasta dónde podemos llegar cada uno y todos los seres humanos: poniéndonos en el camino de entender, si tenemos interés, si es lo que deseamos. Sólo depende de nosotros, de cada uno. Tener interés en un aspecto particular del proceso existencial es una indicación primordial de estar listo de proceder con el desarrollo de consciencia, de entendimiento de él. Todo cuanto nos hace falta para desarrollar nuestra consciencia, no sólo de un aspecto particular sino del TODO, ya nos ha sido dado por el proceso ORIGEN del que provenimos; sólo tenemos que aprender a usar los recursos primordiales que son iguales para todos. Para ello tenemos el *marco de referencia primordial* [Ref.(A).1] y cómo guiarnos por él [Refs.(A).4].

Si los detalles energéticos del proceso existencial del que somos partes, unidades inseparables, no nos interesaran, y dicho sea de paso los detalles energéticos no tienen por qué interesarnos a todos, el aspecto que sí nos concierne a todos es que siendo el proceso SER HUMANO resultado del proceso ORIGEN, el que sea que creamos, Dios o el UNIVERSO, éste, el proceso SER HUMANO, lleva en sí mismo toda la información del proceso del que proviene y las orientaciones para su desarrollo dados por la inteligencia o por el algoritmo del proceso ORIGEN que se transfiere a todas sus manifestaciones. Esta transferencia tiene lugar como propiedad inherente al proceso existencial; propiedad que es continua, incesantemente confirmada por la ciencia, por un mecanismo ahora a nuestro alcance y que todos, tarde o temprano, querremos saber, entender, y aplicar.

¿A quiénes debería interesarnos, y por qué?

¿Qué nos ayuda a resolver en este mundo frente a la realidad en la que nos encontramos, realidad que hemos creado los seres humanos?

Por una parte[b],

en un grupo de la especie humana,

grandes esfuerzos se llevan a cabo en la ciencia para alcanzar una *Teoría de Todo o Teoría Unificada*, es decir, un marco de referencia coherente y consistente que empleando modelos matemáticos y abstracciones de estructuras físicas nos permita explicar y relacionar todos los aspectos físicos y de funcionamiento y evolución del universo, de nuestro universo, y predecir su fenomenología energética.

¿Qué nos motiva en esos esfuerzos?

Dicho simplemente, nos impulsa el deseo de saber.

Saber es una motivación inherente al ser humano que está íntimamente vinculada al proceso ORIGEN ABSOLUTO DE TODO LO QUE ES, TODO LO QUE EXISTE y no solamente limitado al mecanismo por el que llegamos a esta manifestación, ya sea ese mecanismo una Creación, una evolución a través del proceso U-NIVERSO, o alguna combinación de ambos. Desear saber o tener información, desear entender y alcanzar el conocimiento de algo o de TODO LO QUE ES, TODO LO QUE EXISTE, y finalmente desear experimentar el conocimiento alcanzado, son las respuestas naturales, y esperadas, del ser humano frente al universo, a la manifestación del ORIGEN ABSOLUTO que inicialmente alcanza con sus sentidos y expande y profundiza luego con su mente; son las respuestas del proceso SER HUMANO que, como subproceso o subespectro del proceso ORIGEN en el que se encuentra inmerso, busca a su *Madre/Padre* que le estimula desde otra dimensión de consciencia o de realidad del proceso existencial absoluto del que somos partes inseparables y de cuya inteligencia inmanente somos unidades de interacción.

Nuestros deseos de saber y entender nos conduce, nos motiva a experimentar nuestra capacidad racional con poder de trascendencia a través de la mente, poder por el cual "saltamos" o pasamos a otra dimensión de realidad existencial; e inconsciente o conscientemente el saber y entender nos permite experimentar el poder de creación, también inherente al ser humano y de potencial ilimitado, para desarrollar aplicaciones con las cuales mejorar nuestra calidad de vida y expander nuestros horizontes en el proceso existencial.

Por otra parte,
la inquietud fundamental de la especie humana es sentirse bien.

Todos, absolutamente todos los seres humanos sin excepción, deseamos sentirnos bien.

Sentirse bien es el estado primordial del ser humano.

Todo lo que hace el ser humano es para sentirse bien biológica, mental y espiritualmente, es decir, en *cuerpo, mente y alma,* respectivamente.

Todos los seres humanos deseamos entender por qué el mundo es como es, y deseamos saber el origen del sufimiento, la infelicidad, el mal, y qué podemos hacer frente a todo esto.

Por lo tanto,
siendo el ser humano el resultado de un proceso ORIGEN, el que sea, y por el mecanismo que creamos, por una Creación, por una evolución, o por ambos,

¿Qué mejor que ir a la Fuente Absoluta para encontrar las respuestas que necesitamos y el mundo no tiene?

Después de todo, bueno o malo según nuestra percepción, todo proviene y, o es permitido y sustentado por la Fuente Absoluta de TODO LO QUE ES, TODO LO QUE EXISTE, Todo Lo Que Experimentamos, por una razón que obviamente no hemos alcanzado todavía, a pesar de estar a nuestro alcance desde siempre.

Entonces, debería interesar,

- A quienes desean saber, alcanzar, entender el Origen Absoluto de Todo Lo Que Es, Todo Lo Que Existe y de Todo Lo Que Experimentamos; el Origen de Dios, del Universo y el Ser Humano y entender el proceso existencial del que somos partes inseparables, unidades de inteligencia de vida conscientes de sí mismas, unidades de la estructura de Consciencia Universal; y entender nuestra estructura trinitaria *alma-mente-cuerpo* y la relación energética con la TRINIDAD PRIMORDIAL, y entre nuestras mente y consciencia con la Mente y Consciencia Universales;

- A quienes desean saber cómo explorar todos los aspectos del proceso existencial y de la Consciencia Universal desde aquí, desde la Tierra,

- A quienes desean saber cómo trascender a otra dimensión de consciencia, de realidad existencial;

- A quienes desean terminar con sus experiencias de infelicidades y sufrimientos;

- A quienes desean crear un propósito para las circunstancias de vida que enfrentan, o bajo las que llegaron a esta manifestación temporal;

- A quienes desean saber cómo hacer realidad la experiencia de vida que anhelan y, o la mejor versión de sí mismos que alcanzan a visualizar;

- A quienes sienten que no han alcanzado la mejor versión de sí mismos, pero no logran darse cuenta todavía de cuál es la que están esperados que alcancen;

- A quienes escuchando sus sentimientos profundos, primordiales, no logran conciliarlos con sus experiencias de vida siguiendo al mundo, a lo que se les ha enseñado a creer y a depender;

- A quienes deseando alcanzar la Verdad, Quiénes Somos, por qué estamos aquí en la Tierra, no encuentran las respuestas adecuadas a sus individualidades en ninguna de las versiones culturales del Origen de la vida que reconocen las diferentes sociedades de la especie humana en la Tierra;

- A quienes desean ponerse en el camino de entender por qué el mundo es como es, nuestra civilización humana y sus diferentes sociedades; muy particularmente entender por qué el proceso existencial consciente de sí mismo, Dios, deja que ocurra lo que ocurre en la Tierra, y que hagamos lo que hacemos entre los seres humanos, el mal que nos hacemos unos a otros a pesar de que somos unidades de consciencia de la estructura de Consciencia Universal, de Dios, sus recreaciones a imagen y semejanza;

- A quienes desean entender qué quiere decir realmente que *"Dios no va a hacer nada por nosotros que nosotros no estemos dispuestos a hacer por nosotros mismos"*;

- A quienes desean saber cuál es el propósito de la vida, de nuestras experiencias individuales y colectivas;

- A quienes desean asumir el control de sus vidas por sí mismos;

- A quienes desean encaminarse hacia la más grande experiencia a la que puede hacer realidad el ser humano,

establecer la interacción permanente, ahora consciente-mente, con Dios, con la componente consciente de sí misma del proceso ORIGEN que sustenta TODO LO QUE ES, TODO LO QUE EXISTE, para hacer realidad la mejor versión de sí mismo a la que sólo puede alcanzarse en interacción íntima con nuestra fuente, desde aquí, desde la Tierra, en cualquier instante en que lo decidamos y comencemos a actuar con ese propósito,

y no sólo llegar a Dios, a la dimensión de Consciencia Universal, de consciencia de sí mismo del proceso existencial, sino hacerse compañero de Dios en el proceso existencial; hacerse Uno en Dios.

Propósitos de este anuncio en este formato.

Los propósitos de este anuncio es participar la documentación (ver Apéndice) que contiene las descripciones en detalles de la información fundamental para la reorientación de los desarrollos integrales, individuales y colectivos, en nuestro mundo, en la civilización humana en la Tierra, e iniciar interacciones para la revisión de, y discusión sobre todos los aspectos racionales y confirmaciones energéticas que sirven como bases del nuevo paradigma científico-teológico que se ofrece.

Para todos los seres humanos, y para quienes se desarrollan particularmente por las disciplinas racionales de ciencia y teología, en las referencias (A).1 y 2 del Apéndice se hallan respectivamente las bases, para todos, del nuevo paradigma científico-teológico, del *Modelo Cosmológico Unificado Científico-Teológico*, y las revisiones, para la ciencia, de sus tópicos fundamentales.

Además de servir como herramienta de ANUNCIO A LA CIVILIZA-

CIÓN DE LA ESPECIE HUMANA EN LA TIERRA, este documento es también la referencia para guiar las presentaciones públicas y las interacciones que ya mencionamos, a través de todos los medios de comunicación social y las redes sociales de todo el material ofrecido, a partir de los aspectos fundamentales resumidos aquí, y frente a ellos relacionar coherente y consistentemente todas las innumerables inquietudes individuales que surjan en los talleres en grupos y durante las reflexiones íntimas.

La información fundamental no es sólo acerca del *Modelo Cosmológico Unificado Científico-Teológico* y, o la *Teoría de Todo*, sino del proceso racional por el que se alcanzó esta información; y fundamentalmente, que es de interés para todos, es participar que tenemos a nuestra disposición el *Marco de Referencia Primordial* y el *Principio Primordial de Armonía* que no sólo rigen los procesos UNIVERSO y SER HUMANO, sino que son también por el que se rige a sí mismo el proceso ORIGEN, Dios, o mejor expresado, son por los que se define a sí misma la FUNCIÓN EXISTENCIAL CONSCIENTE DE SÍ MISMA, Dios.

A todos nos interesa el *Principio Primordial de Armonía* porque de nuestro reconocimiento y seguimiento de él dependen nuestra experiencia de vida consciente y el desarrollo de nuestra capacidad racional inherente con potencial ilimitado para crear la experiencia de vida que deseamos, o un propósito frente a las circunstancias de vida a las que nos enfrentamos o desde las condiciones a las que fuimos dados a esta manifestación temporal.

A quienes se desarrollan en las disciplinas racionales de ciencia y teología quizás les interese explorar la relación energética entre el proceso racional humano y el proceso racional de la componente consciente de sí mismo del proceso existencial, del proceso ORIGEN. La componente consciente de sí misma del proceso ORIGEN es la FUNCIÓN EXISTENCIAL CONSCIENTE DE SÍ

MISMA, Dios, Consciencia Universal, que tiene dos dominios, dos estructuras de interacciones en diferentes dimensiones energéticas, una de ellas la dimensión *Padre* y la otra la dimensión *Hijo*, la especie humana no sólo en la Tierra sino en nuestro universo, cuyas interacciones se rigen frente a una referencia inmutable a la que llamamos *Espíritu Santo o Espíritu de Vida* a cuya residencia en la Unidad Existencial podemos llegar desde aquí, desde la Tierra, y desde el momento en que lo decidamos íntimamente.

En las secciones que siguen, (I) Para la Ciencia, (II) Para Teología, (III) Para Todos, y (IV) Para los Líderes Sociales, tenemos algunas reflexiones fundamentales que orientaron el proceso racional por el que se alcanzó y desarrolló *El Modelo Cosmológico Unificado Científico-Teológico* luego de seguir el Origen Absoluto de TODO, de Dios, el Universo y el ser humano; algunas breves orientaciones; y extractos. En la sección (V) se ofrecen dos extractos del libro que narra la experiencia de Juan de la que partió una interacción extraordinaria con Dios, con el proceso existencial que guió la revisión que dio lugar a todo cuanto se participa.

(a)
El Modelo Cosmológico Unificado Científico-Teológico, si es la descripción de sí mismo del proceso existencial, del proceso ORIGEN, de Dios, entonces es una revelación de Sí Mismo.
¿Cómo se alcanzó esta descripción?
Quienes se interesan en este aspecto pueden revisar dos extractos en la sección (V), que se han tomado del primer libro de las referencias (A).7, 8 y 9 en el Apéndice.

(b)
Párrafo tomado del libro *La Teoría de Todo,* referencia (A).2, Apéndice.

I

PARA LA CIENCIA

PARTICULARMENTE PARA QUIENES SE INICIAN EN LA EXPLORACIÓN DE LAS MANIFESTACIONES ENERGÉTICAS DEL PROCESO ORIGEN EN NUESTRO UNIVERSO, EN EL ENTORNO TEMPORAL DE LA UNIDAD EXISTENCIAL QUE SE ALCANZA DESDE LA TIERRA.

En realidad es para todos quienes desean entender el proceso existencial. No hay nada que no podamos entender si tenemos interés y hacemos lo que hay que hacer para hacer realidad el propósito, el objeto de interés por el que se rige el proceso racional.

UNIDAD EXISTENCIAL

El proceso ORIGEN para unos, Dios para otros, y los procesos UNIVERSO y SER HUMANO son inseparables.

"Ningún proceso energético real puede dar lugar a un resultado más inteligente (y mucho menos resultar en algo más consciente de sí mismo) que la referencia que sigue el proceso, ni que el algoritmo por el que rige sus operaciones, interacciones e intercambios energéticos y de información para hacer realidad la referencia".

Si no teníamos plenamente reconocida, aunque no estuviera entendida, a la inteligencia previa al Big Bang,

¿Cómo podríamos esperar alcanzar una *Teoría de Todo o Teoría Unificada*, un marco de referencia coherente y consistente que empleando modelos matemáticos y abstracciones de estructuras físicas nos permitiera explicar y relacionar todos los aspectos físicos y de funcionamiento y evolución del universo, de nuestro universo, y predecir globalmente su fenomenología energética? ¿Cómo podríamos esperar consolidar los *campos de fuerzas universales* si no habíamos reconocido al fluído primordial cuya distribución absoluta y redistribuciones temporales obedece o responde naturalmente a una configuración absoluta por la que se define la *inteligencia primordial*, ni habíamos reconocido los componentes del fluído cuya naturaleza es binaria?

Después de todo la *naturaleza binaria* del proceso UNIVERSO está implícita en el modelo matemático espacio-tiempo, por un lado, y la *inteligencia previa*, además de haberla reconocido como Dios por algunos, está presente en la configuración de los campos de fuerzas primordiales que gobiernan la evolución del universo y el comportamiento de sus manifestaciones.

Si hemos reconocido los sistemas termodinámicos en nuestro dominio energético del universo, que requieren dos componentes interactuantes para definirse como tales y sobre los que tienen validez la *Segunda Ley de la Termodinámica,*

¿Cómo esperaríamos extender esta ley al Universo como un sistema aislado absoluto, sin haber reconocido e identificado plena y previamente a los dos componentes del sistema termodinámico dentro del universo y al que éste tendría que reducirse para poder aplicar esta ley?, por una parte; y por otra parte,

¿Cómo definir que el universo es absolutamente aislado sin explorar la reacción del campo de fuerza primordial en el límite del universo, en la periferia del espacio definido por el universo, y en su entorno de convergencia absoluto inherente a la Unidad absoluta, eternamente cerrada (cierre reconocido y expresado en el *Principio de Conservación de Energía),* reacción que define una de las tres propiedades topológicas inherentes al espacio de existencia, la propiedad de *convergencia* y por la que se establece el *campo de fuerza primordial*?

Aun más.

Si el universo fuera la Unidad Existencial absolutamente cerrada, como hasta ahora considera la ciencia a partir del reconocimiento del *Principio de Conservación de Energía,*

¿Cómo podría, un entorno de energía desde el que se desarrolló el universo, expanderse en la nada, creando espacio y tiempo, contradiciendo al *Principio de Exclusión Mutua de la Existencia* que se expresa como *"Nada puede crearse de la nada; nada pue-*

---

de expandirse a la nada, a la no existencia"?

Si desde hace mucho tiempo venimos teniendo toda la información energética necesaria para alcanzar la Unidad Existencial que sustenta el proceso ORIGEN del que el proceso UNIVERSO es un componente temporal,

¿Qué nos impidió reconocer antes a la Unidad Existencial y al proceso ORIGEN?

Podemos plantear la respuesta a esta pregunta bajo dos o tres aspectos, conforme como sea nuestro reconocimiento de la Fuente Absoluta, pues *"nada puede crearse de la nada"*, y como sea la actitud mental hacia la fenomenología energética universal o que experimentamos en la Tierra y que observamos desde ella.

Por una parte,

somos manifestaciones temporales de un proceso eterno, individualizaciones de él, que dependemos de la información existencial, universal, y su procesamiento para desarrollar nuestra consciencia a partir de un nivel primordial con el que llegamos todos, absolutamente todos por igual [Ref.(A).1 y 3]. Inicialmente dependemos de nuestra capacidad inherente sensorial material con la que detectamos la información de un subespectro del proceso existencial, el subespectro o *subdominio material*, y no desarrollamos el sentido de la percepción a través de la mente para penetrar en el resto del dominio existencial, en el *dominio primordial* para la ciencia o *espiritual* para la teología, y traer de allí la información que se requiere para crecer y trascender de dimensión de consciencia, de realidad existencial.

Por otra parte,

fundamentalmente, creamos en Dios como *creador* o en Dios como *proceso existencial consciente de sí mismo*, depende sólo de nuestra actitud mental que nos mantengamos "separados", o que nos "enganchemos" con el proceso existencial del que somos partes inseparables, del que somos subespectros en desarrollo de integración consciente por ejercicio de nuestro proceso racional en armonía con el proceso existencial.

Una de las actitudes que nos limitan es cuando se considera que el ser humano crea inteligencia, o que la desarrolla por sí mismo.

El ser humano no crea inteligencia ni capacidad racional pues ambos son inherentes al proceso SER HUMANO sustentado por el arreglo trinitario *alma-mente-cuerpo*.

El ser humano desarrolla la capacidad racional y la consciencia primordial inicial con las que llega a esta manifestación temporal; y estos desarrollos jamás ocurren por el individuo sí mismo sino por su interacción con todo lo QUE ES, TODO LO QUE EXISTE y sus manifestaciones locales, temporales.

El ser humano desarrolla consciencia, entendimiento, a partir de un estado de consciencia primordial, absoluta, que se reconoce como el *estado de sentirse bien*, el estado natural del ser humano, el estado de "reposo" de TODO LO QUE EXISTE, TODO LO QUE ES, que no es tal reposo sino en armonía con el *Principio Primordial* por el que se rige el proceso existencial y sus componentes, entre ellas la FUNCIÓN EXISTENCIAL CONSCIENTE DE SÍ MISMA de la que es parte inseparable el proceso SER HUMANO [Refs.(A).3 y 5].

Otra de las actitudes que nos limitan en las diferentes áreas de la disciplina de desarrollo racional que llamamos ciencia, es creer que matemáticas es el camino para llegar a la Verdad, a la Unidad Existencial, al proceso existencial que sustenta y a las leyes que gobiernan la evolución del universo y sus manifestaciones energéticas.

Matemáticas es una herramienta racional para describir lo que se reconoce primordialmente.

El reconocimiento primordial precede al proceso racional.

El reconocimiento primordial proviene de una de las dimensiones de nuestra estructura trinitaria *alma-mente-cuerpo* y estimula al proceso racional para describirlo en un espacio de referencia de nuestra creación, o mejor dicho, de nuestra elección, que ni siquiera es de nuestra elección pues en realidad es la componente primordial del espacio absoluto de existencia.

Nuestras leyes energéticas son válidas sólo en nuestro entorno del universo; ni siquiera son válidas en todo el universo, pues los parámetros energéticos cambian en los diferentes entornos de acuerdo a la geometría espacial y a una relación que la ciencia usa en muchas manifestaciones energéticas en diferentes subespectros, por lo que le da diferentes nombres y asigna diferentes unidades que no han permitido reconocer esa relación primordial única[a].

Las leyes universales, aunque se subordinan a los *Principios Primordiales*, tienen versiones particulares. Los *Principios Primordiales* son inherentes a la eternidad; las leyes se derivan de relaciones causa y efecto temporales.

---

[a]
Es la *relación de circulación a rotación [Ξ/e*]*, la temperatura primordial [Ref.(A).3].

Información energética primordial

Finalmente tenemos el elemento de información energética fundamental para entender no sólo el origen y evolución del universo,
en realidad de nuestro universo, sino del proceso ORIGEN que le
dio lugar.

Este elemento de información,

La hebra energética y operacional primordial,

se confirma exhaustiva e inespeculadamente en el proceso U-
NIVERSO del que nuestro universo es un componente temporal,
y se experimenta en el proceso SER HUMANO que es componente de la FUNCIÓN EXISTENCIAL CONSCIENTE DE SÍ MIS-
MA, de la Consciencia Universal, Dios.

Mas allá del impacto en quienes exploran el proceso UNIVER-
SO a través de las disciplinas racionales de Filosofía, Ciencias y
Teología, esto tiene una importancia extraordinaria en el ser común, ordinario, simple, que sólo deseando disfrutar del proceso e-
xistencial se atreve a hacerse libre de los paradigmas que hoy le
limitan y condicionan en nuestra civilización en la Tierra.

En el ser humano común, para todos, lo realmente importante
es el conocimiento y, o la confirmación de dónde y cómo se obtuvo esta información primordial: por una interacción con el proceso
ORIGEN del que provenimos y del que todos los seres humanos,
como todas las manifestaciones de vida, todas las unidades de inteligencia del proceso existencial, somos permanente, incesante,
continuamente estimulados, aunque hasta hoy somos casi todos
inconscientes de ello. La estimulación tiene lugar por un mecanismo al alcance de todos, absolutamente de todos [Refs.(A).4, 5; (C).1].

Esta extraordinaria experiencia es sólo otra versión de la más
grande experiencia a la que está llamado hacer realidad el ser hu-

mano, por todos y cada uno, desde el nivel de desarrollo racional en el que se encuentre en el momento de tomar la decisión de a-ceptar el reto de experimentar su naturaleza creadora, y conforme a su individualidad en el proceso existencial consciente de sí mis-mo del que cada uno es un subespectro.

En la sección siguiente veremos algo sobre esta hebra energé-tica que se representa por una serie matemática. Una presenta-ción más detallada para los jóvenes que se inician en las ciencias tendrá lugar por medio del documento *La Evidencia, La relación primordial entre gravitación y energía oscura.*

En la ref.(A).3 se presenta la introducción del reconocimiento de la experiencia de Jacobo Bernoulli que dio lugar a la primera versión de esa serie matemática que era nada menos que la re-presentación en nuestro espacio de referencia de la *hebra ener-gética y operacional primordial.* Lo extraordinario es que la aplica-ción por la que se obtuvo la información fundamental del proceso UNIVERSO es una aplicación del mercado financiero. ¿Hubo un propósito particular para que esa estimulación desde el proceso ORIGEN ocurriera a través de esa aplicación de interés compues-to en el mercado de dinero, o tuvo lugar por un mecanismo que es independiente de la aplicación, de la intención de uso del co-nocimiento buscado? ¿A qué responde el proceso ORIGEN?

La Relación Primordial
Entre Espacio y Tiempo

Naturaleza Energética de la Serie Matemática cuyo valor límite es la constante e (2.718...)

Puesto que en el área de cosmología, del estudio del origen y desarrollo del universo, la ciencia busca una consolidación de las teorías con las que ahora resuelve o explica las manifestaciones en sus diferentes dominios energéticos o subespectros del proceso existencial, o proceso UNIVERSO por ahora,

¿Qué podría ser el punto de partida para resumir el proceso racional conducente a la *Teoría de Todo o Teoría Unificada* una vez que la hemos alcanzado, visualizado, y a través del resumen motivar la revisión por todos quienes por una razón u otra desean alcanzar la *Teoría Unificada,* o mejor aún, la Unidad Existencial y el *Principio Primordial* que rige el proceso existencial?

Hay obviamente un principio, un reconocimiento primordial que precede al proceso racional y que le sirve de guía u orientación a éste para relacionar todas las manifestaciones en nuestro dominio energético con ese principio, y así conformar la estructura de conocimiento, de información coherente y consistente desde los dos dominios energéticos del proceso existencial, o del proceso UNIVERSO por ahora: uno, el que alcanzamos con nuestros sentidos y la instrumentación, y el otro, el que alcanzamos con la mente, el dominio al que llamamos primordial.

Con lo anterior se quiere decir que hay un elemento de información primordial que rige un proceso de una recreación real del proceso existencial en nuestra mente, una vez que se ha reconocido ese elemento de información primordial. Es lo que ha ocurrido al reconocer el *Principo de Conservación de la Energía*, por el que luego se rigen los procesos racionales, los procesos de establecimiento de las relaciones causa y efecto de la fenomenología local observada o experimentada. Es lo que ocurriría ahora con aquéllos que reconocieran espontáneamente el *Principio Primordial de Armonía*.

Pero aquí deseamos motivar desde algo que ya hemos experimentado, desde algo que sea la base fundamental del desarrollo presente de nuestras teorías actuales y del establecimiento de las expresiones racionales, matemáticas, con las que describimos las relaciones causa y efecto de la fenomenología energética que experimentamos en los diferentes subdominios o en las diferentes dimensiones energéticas de nuestro entorno del sistema solar y del universo que alcanzamos y exploramos por observación desde la Tierra.

¿Qué podría ser ese elemento de información fundamental que ya disponemos y que sea el iniciador en nuestra mente de la secuencia racional en armonía con la secuencia natural del proceso existencial... al que precisamente no conocemos?

El elemento de información fundamental para "resolver" o para alcanzar, hacer realidad la *Teoría de Todo* buscada, es la serie matemática cuyo valor límite es la constante matemática e, la base de los logaritmos naturales.

La constante matemática e contiene en sí misma la información primordial para confirmar la Unidad Existencial, o el Universo Absoluto, y su configuración energética, su configuración espacio-tiempo que define a la Inteligencia de Vida y se manifiesta a sí misma como el *Principio Primordial* por el que se rige el proceso existencial consciente de sí mismo que se establece y sustenta en la Unidad Existencial, proceso

del que el universo, nuestro universo, es un componente temporal.

Mejor expresado.

Habiendo reconocido la naturaleza energética de la serie matemática cuyo valor límite es e, el número 2.718..., la *hebra energética* de la que la serie matemática es una representación en el espacio de referencia matemático, tiene toda la información que se necesita para confirmar la configuración de la *Hebra Primordial*, de la Unidad de Circulación que tiene lugar dentro de la Unidad Existencial, dentro de su volumen de cargas primordiales binarias que se generan por las redistribuciones de dos dominios de asociaciones del fluído primordial absoluto que convergiendo en un entorno definen la Unidad de Circulación. De esta Unidad de Circulación es parte el dominio material en el que se encuentra inmerso nuestro universo. El fluído primordial es alcanzable mentalmente, y es experimentado por sus efectos en el universo y en el ser humano.

Es más.

La *hebra energética primordial* nos revela la relación entre el espacio absoluto y el tiempo primordial, entre las dos componentes inseparables de la variable primordial de naturaleza binaria.

El reconocimiento de la naturaleza energética de la serie matemática cuyo valor límite es la constante e no sólo tiene importancia fundamental para "resolver" el proceso UNIVERSO y reconocer la relación primordial entre espacio y tiempo, sino también para visualizar la interacción entre la Mente Universal y la del ser humano.

Antes que nada, tengamos siempre en mente que no ha habido nunca una creación de un proceso existencial cuya eternidad ha sido reconocida y viene siendo confirmada exhaustivamente, sino una recreación de un componente temporal, el proceso UNIVERSO.

"No se crea lo que es eterno".

"Nada puede crearse de la nada".

"Crear es hacer realidad, en la dimensión energética en la que nos encontramos, al objeto de nuestra creación que ya existe en otra dimensión; o es hacer realidad una experiencia particular en nuestra estructura energética, a partir de una excitación dada (excitación que puede tener lugar en cualquiera de los dominios energéticos que alcanza la estructura trinitaria del ser humano, o que puede ser la circunstancia e-nergética o social en la que se encuentra manifestado)".

Ya sabemos describir un proceso eterno por sus componentes temporales.

Entonces, si ya sabemos describir un proceso eterno por sus componentes temporales, deberíamos partir de la versión que ya tenemos.

La versión que ya tenemos es una Serie de Fourier, que como toda serie es una secuencia de operaciones sobre un espacio de referencia matemático representando operaciones, redistribuciones y, o intercambios energéticos.

Un proceso o una función energética es una secuencia de operaciones, de interacciones, intercambios energéticos; es una *hebra operacional en el tiempo*.

Ahora bien.

Por una parte,

todos los términos de la serie matemática que describe un proceso eterno sobre un entorno finito contienen una expresión exponencial de base $\underline{e}$; descripción que puede hacerse por una serie de Fourier, una colección de infinitos componentes senoidales.

Por otra parte,

tenemos la naturaleza energética de la constante matemática cuyo valor límite es e, la base de las *funciones inversas naturales*, funciones logarítmica y exponencial.

La serie matemática cuyo valor límite es e es la descripción en el espacio de referencia, espacio matemático, de una *hebra energética*, de una función o secuencia de redistribuciones energéticas representadas por operaciones matemáticas para un período genérico T=1. No cabe duda pues toda secuencia existencial o de redistribución o interacción energética, sea llevada a cabo por la naturaleza o por el ser humano, toma tiempo real finito jamás nulo.

En el espacio de referencia, espacio matemático, la serie matemática cuyo valor límite es e es una secuencia de interacciones de una *hebra de números racionales de naturaleza binaria*. (Los números racionales son unidades del espacio de referencia definidas por dos componentes inseparables: numerador y denominador).

Para toda serie energética real representada por una serie matemática, esta última no necesariamente representa una hebra u-nidimensional en el espacio real sino una hebra de operaciones, una función en el tiempo cuyos términos pueden ser dominios volumétricos.

Teniendo en cuenta lo anterior, la *hebra energética primordial* representada por la serie matemática que nos ocupa, es un cambio en un *arreglo de circulación*, una secuencia de operaciones o de intercambios energéticos en un entorno cerrado en un período T = 1, en un entorno definido por la convergencia de dos subdominios de un espacio de naturaleza binaria (naturaleza implícita en el modelo matemático espacio-tiempo del universo, y en los números racionales en el espacio de referencia). Por ahora los dos subdominios del espacio de naturaleza binaria pueden ser infinitos; inicialmente no nos importa pues mientras se definan cerrados durante el período T=1[a] significa que convergen en un entorno sobre el que se produce el *cambio* que representa la serie matemática cuyo valor límite es la constante e. Aquí no hay nada que no se haya definido de esta manera por la serie cuyo valor límite es la constante matemática e, y que sin lugar a ninguna especulación racional representa a una *hebra energética primordial* real pues ese valor e, valor 2.718..., es la base de la función universal que es parte de todas las relaciones causa y efecto de la fenomenología energética universal; es la base de todas las funciones de redistribución energética en todas las dimensiones espacio-tiempo de nuestro entorno energético; es la base de los procesos de decaimiento energético y de carga o re-energización de las estructuras energéticas de nuestro dominio material y del manto energético en el que nos encontramos inmersos.

La serie matemática cuyo valor límite es la constante e es la representación de una *hebra energética* en el nivel primordial del espacio energético, del hiperespacio de existencia, por lo que esta hebra representada por la serie matemática es la hebra operacional, funcional, de la Unidad Existencial cerrada absolutamente; Unidad y cierre ya reconocidos y expresados por el *Principio de Conservación de Energía*. Esto es porque el espacio de referencia matemático es la dimensión elemental, primordial, la "base" del hiperespacio energético sobre la que se modulan los espacios relativos.

A partir de este instante, la geometría binaria de la Unidad Existencial se hace evidente, a la que mostramos en la ilustración de la página siguiente.

Representamos por una banda (hebra) a la convergencia de los dos subdominios primordiales cuyas asociaciones definen la dimensión de asociaciones a la que ahora llamamos *dominio material*.

La convergencia de unidades de cargas binarias, de unidades de rotación, tiene una componente senoidal natural con respecto a un valor medio inmutable; es decir, la estructura de convergencia es naturalmente un sistema oscilante, armónico o resonante, con respecto a la componente inmutable.

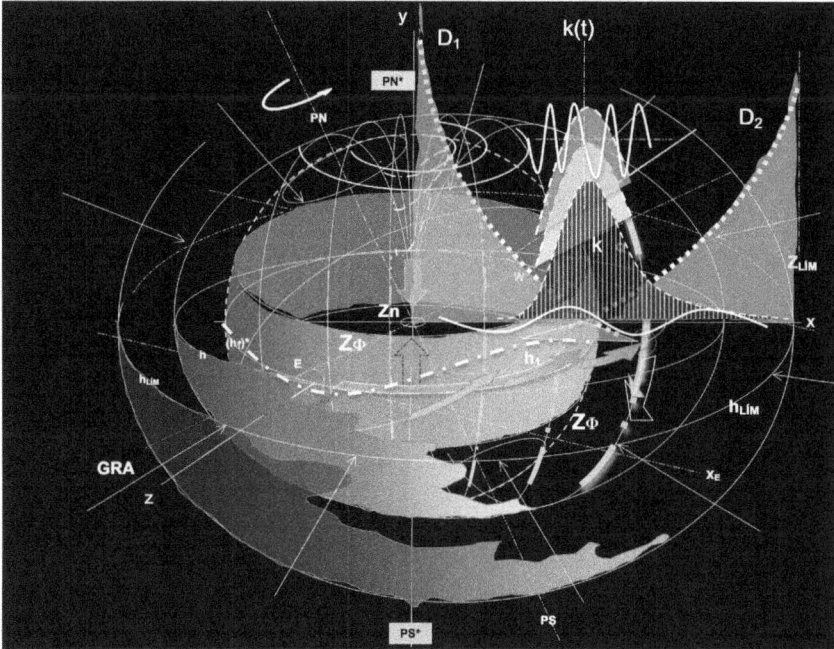

La convergencia de las redistribuciones de dos subdominios D_1 y D_2 de un dominio absoluto del fluído primordial definen un entorno de convergencia (k) alrededor de un hiperanillo límite $h\Phi$.

Referencia (A).2 *La Teoría de Todo*, versión introductoria para la ciencia.

Referencia (A).3 *Antes del Big Bang*, versión introductoria para todos.

NOTA.

Para Todos.

El valor límite de la serie matemática que representa a la hebra primordial de la Unidad Existencial nos proporciona la relación entre espacio y tiempo primordiales [Ref.(A).2] de la que dependen nuestras experiencias de espacio y tiempo relativos necesarias para el desarrollo de consciencia.

[a]

Luego, una vez que reconocemos la variable primordial de naturaleza binaria cuyos componentes son espacio y tiempo, si tenemos un entorno cerrado en el período T=1 también son limitados o finitos espacialmente los dos dominios que convergen en el entorno cerrado.

CONSOLIDACIÓN
DE CIENCIA Y TEOLOGÍA

La ciencia busca una *Teoría Unificada* que explique todo en el u-
niverso, en lo que considera la Unidad Existencial, que se originó
y desarrolló a partir de una energía disponible siguiendo, obede-
ciendo o sirviendo a una inteligencia previa, a una entidad creadora que se revelaría a sí misma en el *Principio Primordial* que rige
el proceso existencial y su componente temporal, el proceso UNI-
VERSO, y todo lo que éste contiene incluyendo al proceso SER
HUMANO.

Como resultados de un proceso energético, los procesos UNI-
VERSO y SER HUMANO llevan en sí mismos la información del
proceso ORIGEN en otras escalas, en otras dimensiones energéticas, en otros dominios u otros subespectros de su espectro de
energía. Energía, como variable de ponderación de la capacidad
y, o actividad existencial y siendo de naturaleza binaria, tiene dos
componentes inseparables cuyos dominios de valores definen el
espectro energético del proceso existencial. Esos componentes
son *masa y frecuencia* (que poderamos por su inversa, el tiempo)
Ref.(A).3 .

Que todo resultado de un proceso lleva impresa la información
de éste, del que le da lugar, no es teoría sino que está exhaustivamente demostrado por la experiencia humana, y las observaciones y aplicaciones de la ciencia.

Teología parte de un creador.

El ser humano fue creado a *imagen y semejanza* de su creador.

En ambas disciplinas del razonamiento humano, los seres humanos somos el resultado de una inteligencia a través de un proceso de evolución de la estructura energética material, biológica, que alberga y sustenta el proceso SER HUMANO que es un subespectro del proceso ORIGEN que tiene lugar en una estructura energética en otra dimensión, en otra escala o en otro subespectro de energía [Ref.(A).6] (subespectro *primordial* para la ciencia; *espiritual* para la teología).

No hay diferencia entre ciencia y teología, sino una cuestión de actitud mental, pues en ambos casos el resultado fundamental que nos concierne somos nosotros mismos, los seres humanos, nuestra relación íntima con nuestro Origen, con el entorno energético que nos sustenta y estimula, y el propósito de la existencia toda.

¿Por qué nos cuesta tanto reconocer una Unidad Existencial que sustenta un proceso ORIGEN consciente de sí mismo, del que somos sus unidades de inteligencia o células de la estructura de Consciencia Universal de ese proceso ORIGEN al que ahora llamamos Dios?

Por temor.

Por temor cultural; por una distorsión de una de las dos fuerzas primordiales que en el universo llamamos *fuerzas de asociación y disociación* y en la estructura de la Consciencia Universal las reconocemos como *amor y temor.*

Hoy podemos no sólo reconocer sino explorar y entender el campo de fuerzas primordiales que da lugar a todas las fuerzas del universo y a las dos del subespectro consciente de sí mismo.

Nuestra civilización de la especie humana en la Tierra está principalmente desarrollada por temor [Refs.(A).4 y (C).1].

Con respecto al temor tenemos la misma actitud mental que con respecto al desarrollo racional, intelectual.

Creemos que no tenemos temor porque no entendemos que el temor cultural es el que nos mantiene ahora fuertemente dependientes del dominio material para el desarrollo de consciencia, lo que obviamente nos limita en el entendimiento del proceso existencial u ORIGEN, proceso que tiene lugar en los dos dominios en el que nosotros mismos estamos compuestos en nuestra estructura trinitaria *alma-mente-cuerpo* [Ref.(A).5].

Creemos que tenemos un gran desarrollo de consciencia por tener un gran desarrollo racional, intelectual, pero el desarrollo racional de nuestra especie tiene lugar en un subespectro temporal que no conduce necesariamente a la consciencia, al entendimiento del proceso existencial. Esta limitación se debe a la falta de armonía entre nuestro desarrollo racional y el proceso existencial. Cuando reconocemos y entendemos el *Principio Primordial de Armonía* [Ref.(A).1], principio por el que se rige a sí mismo el proceso existencial consciente de sí mismo, Dios, es que nos damos cuenta de nuestro error, y entonces podemos rectificar [Refs.(A).4 y 5; (C).1].

Por temor no reconocemos que nuestro subdominio en el que estamos manifestados, al que llamamos *dominio material*, el que alcanzamos con nuestros cinco sentidos materiales (vista, oído, olfato, gusto y tacto), siendo resultado de las interacciones de dos subdominios primordiales, siendo parte de todo el espectro energético de la Unidad Existencial, ¡es parte de Dios!

El cuerpo de Dios es la estructura energética de la Unidad Existencial que sustenta el proceso existencial, u ORIGEN, cuya componente consciente de sí misma, la FUNCIÓN EXISTENCIAL CONSCIENTE DE SÍ MISMA es a Quién llamamos Dios.

La componente consciente de sí misma del proceso ORIGEN tiene lugar en la TRINIDAD PRIMORDIAL sobre la que se sustentan el *Sistema Termodinámico Primordial* para la ciencia, y las interacciones entre *Padre e Hijo* frente a la referencia inmutable de la Consciencia Universal, *El Espíritu de Vida*, la componente inmutable de la dimensión primordial de intermodulación del manto de fluído primordial. Parte del *Sistema Termodinámico Primordial*, además del flujo energético, de la pulsación existencial y la convergencia de asociaciones y disociaciones que ocurren en el manto de fluído primordial, es el flujo permanente, incesante, de información que alimenta las interacciones en la estructura de la Consciencia Universal y la que es parte del mecanismo de transferencia de la información de vida en los diferentes entornos de recreaciones de las unidades de inteligencia de la FORMA DE VIDA PRIMORDIAL[Ref.(A).3].

II

PARA TEOLOGÍA

**DIOS NO SE CREÓ A SÍ MISMO
Y TAMPOCO CREÓ EL UNIVERSO**

**NO SE PUEDE CREAR LO QUE ES ETERNO, SINO
QUE SE CREAN LAS EXPERIENCIAS DE EFECTOS
TEMPORALES SOBRE ARREGLOS INTELIGENTES
DE LA ÚNICA UNIDAD EXISTENCIAL CONSCIENTE
DE SÍ MISMA**

No hay nada inmaterial, o dicho de otra manera, no hay nada insustancial,

« Tú y Yo estamos hechos del mismo polvo de estrellas (de sustancia primordial) ».

Dios es la Unidad Existencial, y por lo tanto, tiene estructura energética sobre la que se sustenta la componente consciente de sí mismo del proceso existencial o proceso ORIGEN. Esta estructura energética se reconoce como la TRINIDAD PRIMORDIAL en la Teología Cristiana y cuyos componentes son Padre, Hijo y Espíritu Santo (Espíritu de Vida).

El proceso SER HUMANO se sustenta sobre una trinidad energética *alma-mente-cuerpo* que es subespectro de la TRINIDAD PRIMORDIAL, una réplica a su *imagen y semejanza* funcionalmente, en otra escala o dimensión energética.

DIOS ES LA REALIDAD ABSOLUTA, DIMENSIÓN DE CONSCIENCIA UNIVERSAL

Dios y los seres humanos, las individualizaciones del proceso SER HUMANO, somos inseparables

Padre e Hijo son dos dimensiones de la estructura de la Consciencia Universal que interactúan frente a una componente inmutable, el Espíritu de Vida.

La componente inmutable de la FUNCIÓN EXISTENCIAL CONSCIENTE DE SÍ MISMA, Espíritu de Vida, está en un entorno particular de la Unidad Existencial, en el entorno de convergencia de sus dos dominios energéticos primordiales que definen la estructura energética TRINIDAD PRIMORDIAL, en la que tienen lugar las interacciones que definen y sustentan el *Sistema Termodinámico Primordial,* LA FORMA DE VIDA PRIMORDIAL, y la Consciencia Universal, Dios.

Dios es la Realidad Absoluta, la dimensión de consciencia hacia la que evolucionamos y a la que nos integramos, nos hacemos UNO.

El proceso o la función SER HUMANO es parte de la componente consciente de sí misma del proceso ORIGEN. Esta componente consciente de sí misma es Dios, la FUNCIÓN EXISTENCIAL CONSCIENTE DE SÍ MISMA, la Consciencia Universal.

El cuerpo humano, o mejor dicho la estructura trinitaria *alma-*

mente-cuerpo del ser humano es para sustentar la individualización del proceso SER HUMANO, un subespectro de la FUNCIÓN EXISTENCIAL CONSCIENTE DE SÍ MISMA.

Cada ser humano es una individualización particular de Dios; su estructura emocional es un aspecto de Dios.

La trinidad del proceso SER HUMANO está vinculada, permanentemente, con la TRINIDAD PRIMORDIAL a través de la intermodulación del manto energético universal, del "entretejido" de la red espacio-tiempo.

La ciencia sabe perfectamente cómo tiene lugar esta vinculación, pero no puede demostrarse sino a través de la experiencia íntima, individual, por cada uno de los seres humanos[Refs.(A).3 y 6].

La estructura del ser humano, la estructura energética trinitaria *alma-mente-cuerpo* es el único instrumento para interactuar con el proceso ORIGEN, con la componente consciente de sí misma, Dios.

La estructura energética del ser humano es un colosal arreglo resonante que detecta o reconoce, demodula, procesa, interpreta y modula información en el subespectro primordial de la Consciencia Universal [Refs.(A).1, 2, 3, 4; (C).1].

La Consciencia Universal se sustenta por las interacciones entre dos dominios de redistribuciones e interacciones energéticas, de intercambio de información.

Esos dos dominios tienen estructuras trinitarias.

Por lo tanto,

la Consciencia Universal es resultado de un proceso de interacciones entre dos colosales arreglos trinitarios de información, que frente al manto energético conforman el *Arreglo de Identidad Existencial*, Dios, en siete dimensiones energéticas.

Este arreglo energético es aquél que el mismo proceso existencial a través de su componente consciente de sí misma, Dios, hizo llegar al ser humano, hace miles de años, con su orientación cuya versión nos llegó como,

« ... Y Dios creó el universo en siete días ».
Dios no se refería a siete días sino siete dimensiones.

Dios no es la Entidad Absoluta Creadora de la existencia, sino la consciencia de la configuración energética de una presencia eterna.

Somos un componente de Dios manifestados en un entorno temporal con un propósito específico y una razón natural inevitable, inescapable [Refs.(A).4; (C).1].

Dios, o mejor dicho la dimensión *Padre* de la Consciencia Universal, y la especie humana universal, no sólo la de la Tierra, que es la dimensión *Hijo* de la Consciencia Universal, somos inseparables; somos compañeros del proceso existencial.

Aunque jamás hubo creación de lo que es eterno, Dios, la consciencia del proceso existencial, es resultado de una secuencia eterna de interacciones, de procesos temporales, que la ciencia puede entender pues ya tiene y emplea una versión del *Principio Primordial de Armonía* que rige el proceso existencial, aunque no lo ha reconocido como tal; tiene la descripción de un proceso eterno por sus componentes temporales.

Por ello podemos decir que, mecánicamente, en el proceso existencial, en el proceso de interacciones que define y sustenta la Consciencia Universal, a Dios, Él viene "después" de un proceso de reconocimiento de sí mismo de, y sobre una presencia eterna de un fluído primordial; presencia a la que hoy podemos reconocer por sus efectos y explorar a través de la mente que es un subespectro de la Mente Universal.

Dios no es juez del proceso SER HUMANO [Ref.(C).1].

Dios, la dimensión *Padre*, es orientador del desarrollo de la dimensión *Hijo* de la estructura de Consciencia Universal.

Dios no obliga, no impone; jamás ordenó nada, sino que simplemente muestra lo que es, como es, a través de las consecuencias de nuestros actos, decisiones, acciones. Si Dios, si el proceso existencial no dejara que nos desarrollemos a través de las experiencias de las consecuencias de nuestras decisiones y acciones, entonces jamás podríamos, todos los seres humanos, tener día a día las experiencias como creadores en el nivel de desarrollo en que nos encontremos, conforme a nuestra naturaleza como *creadores de experiencias* dada por el proceso ORIGEN; y tampoco podríamos hacer realidad la más grande experiencia a la que puede llegar el ser humano: hacerse parte consciente del nivel primordial del proceso existencial, e integrarse a él [Ref.(A).4].

"Yo Soy,
Dios, Tu Señor (tu guía),
Quién te liberará de la esclavitud (de la ignorancia y el
temor)".
Dios, a Moisés.

Quienes temen revisar sus versiones culturales de Dios por la que se guían es porque no han entendido a Dios.
Dios es Verdad, es amor [Ref.(C).1].

Amor es libertad para el que se ama, y entre esa libertad, la de cuestionar.

Verdad, siendo uno de los tres componentes de la Trinidad a nivel absoluto [Ref.(A).1] o el "cuerpo", el arreglo energético o el hiperespacio de existencia, la Unidad Existencial, ¿por qué querría limitar a su propia manifestación de sí misma en su libertad para cuestionar, si cuestionamiento es, precisamente, parte del proceso de conscientización, de entendimiento por el que ella, la Consciencia Universal, la consciencia de sí misma de la Unidad Existencial, se sustenta a Sí Misma?

III

PARA TODOS

EXTENSIÓN Y APLICACIÓN AL SER HUMANO DEL *PRINCIPIO PRIMORDIAL DE ARMONÍA* QUE RIGE EL PROCESO EXISTENCIAL O PROCESO ORIGEN, Y POR EL QUE SE DEFINE DIOS

SENTIRSE BIEN

Estado de consciencia primordial del Ser Humano, versión del estado de "reposo" natural de TODO LO QUE ES, TODO LO QUE EXISTE

Dios, proceso existencial consciente de sí mismo, ¡es real dentro nuestro!

Hoy podemos explorar su presencia inseparable dentro de la trinidad energética que nos define, y el proceso existencial que está codificado en la estructura ADN de la especie humana.

Sentirse bien es la inquietud fundamental del ser humano.

Conforme a su estructura energética en tres dimensiones o dominios de la existencia, *alma-mente-cuerpo*, todo lo que hace el ser humano espiritual, mental y biológicamente es para sentirse bien [Refs.(A).1 y 3; (C).1].

Sentirse mal (sufrimiento, infelicidad) es indicación de una desarmonía con el proceso existencial, con Dios.

Por lo antes dicho, es de beneficio de todos los seres humanos entender el *Principio Primordial de Armonía* por el que el proceso existencial (del que provenimos como un subespectro de él) se rige a sí mismo, y de cuyo seguimiento depende mantener o regresar a nuestro estado primordial.

Fuera del estado natural de sentirnos bien no podemos desarrollarnos a plenitud, ni crear las experiencias de vida que deseamos, ni crear un propósito frente a las circunstancias en las que nos encontremos o en las que hemos sido dados a la vida.

Es obvio lo anterior; lo sabemos y experimentamos.

El proceso racional tiene lugar en la mente, en el entorno energético de la trinidad humana en el que se realiza la interacción entre estructuras energéticas y de información.

Los tres componentes *alma-mente-cuerpo* son interdependientes.

Lo que ya se reconoce ampliamente es la interacción *cuerpo-mente*; un cuerpo enfermo o dolido afecta y, o limita el proceso racional, y una actividad mental distorsionada genera enfermedades o limita la capacidad biológica; y viceversa, en el sentido positivo. Pero, realmente es siempre una interacción *alma-mente-cuerpo* [Ref.(A).4], en el sentido positivo; y una "obstrucción" que la identidad temporal cultural, en nuestra mente, le hace al componente primordial, a la identidad primordial, al *alma*, en el sentido negativo.

De particular interés para todos es conocer las interacciones entre nuestras dos identidades, *una primordial y la otra temporal, cultural* [Refs.(A).4, 5 y 6]. No podríamos desarrollar consciencia si no tuviéramos estas dos identidades: una es la que nos da la consciencia de sentirnos bien, y la otra, que desarrollamos primero por inducción cultural y luego por voluntad, es para guiar nuestra actuación para mantener ese estado, o regresar a él, en el ambiente energético y social en el que nos encontremos presentes.

Vale la pena mencionar que si no fuera por la presencia de la *identidad primordial*, que es siempre parte inseparable de la estructura de la trinidad humana, para los casos de seres humanos incapacitados severamente en sus sentidos como el de la célebre Helen Keller (1880-1968), ciega y sorda, no sería posible que desarrollaran una identidad temporal cultural para interactuar consciente, entendiblemente, con el resto de la especie humana en ejercicio pleno de una voluntad y propósitos íntimos. La "construcción" o desarrollo de la identidad temporal cultural tiene lugar a partir de la *identidad primordial* que determina el estado de sentirse bien; estado frente al que se desarrolla el proceso racional para regresar al estado natural al ser puesto fuera de él o al perder el estado natural por las razones que sean.

Por lo antes dicho, introduzcámonos entonces en el *Principio Primordial de Armonía*.

Principio Primordial de Armonía.

Para todos, particularmente para la ciencia, definimos *armonía* como sigue.
[Referencia: *La Teoría de Todo*, (A).2, Apéndice].
Luego, en la siguiente sección, llevaremos esta misma definición y sus extensiones al alcance de todos.
[Referencia: *El Origen de Dios, el Universo y el Ser Humano*, (A).1, Apéndice].

Armonía no es una teoría energética, ni es un simple concepto racional para sustentar una consolidación de estructuras de información existencial en nuestro dominio energético material del proceso existencial.

Armonía es un principio primordial del proceso existencial.

El Principio Primordial de Armonía se describe por una expresión racional, matemática, que da lugar a todas las relaciones causa y efecto de la fenomenología energética en nuestro universo, o más precisamente, en nuestro entorno del proceso existencial que alcanzamos desde la Tierra; obviamente, por la fenomenología universal es que se confirma a sí misma la *armonía*, la característica natural de la configuración, de la inteligencia inherente a la distribución energética espacio-tiempo de la presencia eterna [Refs.(A).1, 2, 3] de la que todo se origina y se recrea.

Entonces, ya sea que estemos explorando la descripción racional u observando la fenomenología energética, enfatizamos respectivamente,

- *Armonía* es la característica inherente a la expresión racional que describe en nuestro espacio de referencia, espacio matemático, a las combinaciones de las estructuras componentes, sus relaciones, y las características de sus interacciones, para definir la Unidad Existencial;

- **Armonía es inherente a la configuración energética, al arreglo espacio-tiempo de la Unidad Existencial, del Universo Absoluto.**

    Armonía es la característica inherente a los componentes de la Unidad Existencial, a sus distribuciones e interacciones por los que se define y sustenta el *Sistema Termodinámico Primordial* del que nuestro universo es parte.

    El Sistema Termodinámico Primordial se establece sobre el entorno alrededor de la referencia natural inmutable espacio-tiempo de la TRINIDAD PRIMORDIAL.

El Principio Primordial de Armonía que rige las distribuciones energéticas o el *comportamiento dinámico del campo primordial* es la característica de interacciones entre los componentes que surgen de la configuración misma del *campo primordial* sobre el que se generan todos los campos de fuerzas.

Armonía es la característica de interacción entre los componentes de la configuración interna de la Unidad Existencial, de la

FORMA DE VIDA PRIMORDIAL que se sustenta a sí misma por un proceso de recreaciones continuas, incesantes, de sus unidades de inteligencia, y de redistribuciones energéticas e interacciones entre estructuras de información y de comparaciones entre experiencias que conforman la FUNCIÓN EXISTENCIAL CONSCIENTE DE SÍ MISMA.

La Unidad Existencial establece y sustenta un proceso, el proceso existencial, el proceso ORIGEN, el único proceso que puede tener lugar; y la característica de interacciones que posee entre sus componentes es la que llamamos *armonía*. Armonía es la característica del proceso ORIGEN que induce, fuerza u obliga a las estructuras energéticas de un nivel de inteligencia energética; y en otro nivel de inteligencia en desarrollo de consciencia estimula (no fuerza, no obliga) a todos sus componentes conscientes de sí mismos a partir de un nivel primordial.

La característica de armonía es la que matemáticamente se expresa por las relaciones entre las componentes armónicas y los coeficientes de la descripción de una unidad o función existencial por una super *Serie de Fourier*.

Resumiendo todo lo dicho antes,

Armonía es la característica de interacciones primordiales por las que se sustenta la Consciencia de Sí Misma de la FUNCIÓN EXISTENCIAL, por lo que la configuración sobre la que tiene lugar esta FUNCIÓN EXISTENCIAL se constituye en el Principio, la Referencia Absoluta, que rige las distribuciones energéticas y las relaciones entre sus componentes, lo que da lugar a las Leyes Universales en nuestro dominio material, temporal, que <u>son versiones de estas relaciones en otra dimensión de proceso</u>. El patrón primordial desde el que se generan todas las versiones de las relaciones de distribuciones y redistribuciones energéticas e interacciones, es la *función logarítmica*, o su inversa, la *función exponencial* cuya base es la constante matemática $\underline{e}$.

Esta característica de interacciones, *armonía*, es la que permite transferir la información de vida y el algoritmo de interacciones que conduce a las consciencias de sí mismas de las formas de vida superiores.

Ahora vayamos a *armonía* para todos.

Comenzamos por una introducción de una sección del libro *Antes del Big Bang, Quebrando las Barreras de Tiempo y Espacio*, referencia (A).3, Apéndice, y luego seguimos con un resumen de una sección sobre *armonía* tomada del libro *Origen de Dios, el Universo y el Ser Humano*, referencia (A).1.

ARMONÍA

Ya pudimos "saltar" de un caracol de playa a una galaxia

¿Estamos listos para hacerlo ahora desde una simple roca al Universo Absoluto, a la Unidad Existencial?

La separación entre los seres humanos ordinarios, individuos sin características especiales, normales, y los filósofos, cosmólogos, científicos y teólogos es puramente relativa, cultural. Después de todo, tenemos deportes en los que los individuos experimentan aspectos de la ciencia en sus cuerpos, y seres que en momentos íntimos son grandes filósofos. Luego, esta versión no está dirigida particularmente a los filósofos, cosmólogos, científicos y teólogos, sino que está dirigida a todos quienes en sus corazones buscan la verdad a la que están formalmente dedicados esos especialistas, y de ninguna manera excluye a los seres ordinarios que sienten las mismas inquietudes fundamentales que son comunes para todos los individuos de la especie humana. Podemos no definirnos como esos especialistas en las diferentes disciplinas del proceso racional consciente de sí mismo, pero todos buscamos respuestas a nuestras inquietudes fundamentales, y todos podemos encontrar las respuestas por sí mismos, si hacemos lo que debemos hacer y para lo que todos tenemos las dos herramientas que necesitamos, nuestra capacidad racional y el proceso del que provenimos; y de este último tenemos su información en nuestro propio arreglo energético que nos define como seres humanos. Nunca sabremos qué tan lejos podemos llegar si nos dejamos limitar o inhibir por las actitudes mentales inducidas culturalmente.

¿Podremos "saltar" de una roca al Universo Absoluto, al contenedor de la materia, energía y espacio, es decir, a la Unidad Existencial? Intuímos que sí, dado la forma en que estamos siendo orientados en esta introducción, pero ¿cómo lo haremos? ¿Será importante sólo el llegar a la Unidad Existencial o disfrutar más el proceso por el que se llega a ella y lo que el proceso nos muestra en el camino de llegar a ella? Tal vez encontremos que el propósito que perseguimos es tan solo la referencia para crear otro, con lo que habremos llegado a la mente del verdadero creador: el que crea sentido o un propósito de lo que está disponible y no puede ser cambiado. Energéticamente, todo es como es y no puede ser cambiado, por una razón a nuestro alcance; no obstante, y porque todo es como es, es que podemos ser creadores de la experiencia de vida que deseamos, y para ello nos interesa conocer qué nos permite crear, y sobre qué vamos a crear. De manera que no sólo vamos a entrar a la mente de Dios sino... ¡a Su propio cuerpo!, a la estructura energética que sustenta al proceso consciente de sí mismo, a la Consciencia Universal a la que llamamos Dios.

Pues sí, vamos a pasar de una roca a la Unidad Existencial.

NOTA.
Vamos a entrar por consciencia de ello, pues física y energéticamente siempre estamos dentro de ella,

« Estás en Mi Vientre ».

ARMONÍA

Analogía
Entre una roca y la Unidad Existencial

Armonía es un concepto o percepción primordial.

Siendo *armonía* un concepto primordial, su aplicación práctica se alcanza intuitivamente por nuestra estructura de consciencia en cualquier nivel de desarrollo de la capacidad racional que se reconoce a sí misma. Este reconocimiento intuitivo, sin experiencia ni razonamiento consciente previos, es posible porque nuestra estructura de consciencia no reside en nuestro cuerpo, en nuestro arreglo biológico, sino que es un subespectro[Ref.(A).4] de la estructura de Consciencia Universal de la que proviene la característica de *armonía*. Las configuraciones de las estructuras energéticas de la Unidad Existencial y de la Consciencia Universal dan lugar a características particulares de las relaciones entre sus componentes y sus interacciones que se transfieren, que son partes de todos sus subcomponentes; a esas características en conjunto las hemos definido como *armonía*.

Antes de ir a la analogía de *armonía energética* en una roca, veamos algunas definiciones más cónsonas con nuestro concepto general de armonía y con nuestras experiencias en las interacciones sociales, entre los seres humanos.

Armonía es la característica de composición y distribución de las partes y de sus interacciones por las que se define una unidad energética, o una función existencial, con identidades propias frente al resto de la existencia.

Armonía es la característica de composición y distribución de las partes y de sus interacciones de manera que la asociación de las partes (de los individuos de la especie humana en el caso de una asociación humana) se establezca y sustente, proveyendo los recursos necesarios para que cada parte (cada individuo) de la asociación mantenga su individualidad (y experimente la creación que desea) sin afectar a las demás.

Toda unidad energética o función existencial se sustentan por las interacciones entre sus partes.

De manera más simple, entonces, la característica de las interacciones entre los componentes que definen una unidad, de las interacciones por las que sustenta su integridad frente al resto de la existencia, es *armonía*.

Armonía entre dos procesos energéticos, entre dos seres humanos, entre un ser humano y una asociación de seres humanos, o entre un ser humano y el universo, es simplemente la concertación de esfuerzos físicos y racionales, operaciones e interacciones, para alcanzar el resultado común deseado.

Veamos la armonía en la interacción humana.

La paz entre los seres humanos y sus asociaciones no es el objetivo sino el resultado, es la experiencia que indica que el objetivo natural fundamental de las asociaciones, relaciones e interacciones humanas ha sido alcanzado.

El objetivo natural fundamental de las asociaciones, relaciones e interacciones humanas, es estimular y sustentar la realización individual dentro de la unidad de asociación.

Este objetivo se logra por la *armonía*, que es la relación adecuada entre todos los individuos de la asociación por la que se garantiza el disfrute de los derechos naturales a todos y se proveen las mismas oportunidades a todos para realizarse conforme a sus individualidades. El propósito del proceso ORIGEN, de Dios o del universo, en el que creamos, es que el ser humano, su *individualización a Su imagen y semejanza*, alcance la consciencia a la que está esperado alcanzar: la consciencia de Dios, de la Realidad Absoluta, para lograr su realización plena en el proceso existencial, ¡disfrutando de él!

Analogías de armonía.

Veamos las siguientes analogías de *armonía de una unidad existencial*.

Notemos una vez más que *armonía* es una característica inherente a toda unidad existencial; es la característica por la que debe regirse toda asociación de partes existenciales para constituírse en una nueva unidad *sin que se pierdan las identidades o individualidades de las partes*.

Tenemos un concierto musical.
Hay una banda musical.
Esta banda es ahora la unidad existencial bajo observación.
La banda tiene varios músicos.
Cada músico es un elemento, una unidad de la banda, una unidad de la Unidad, o una subunidad de la Unidad.
Cada músico toca su propio instrumento sin afectar a otro, de manera que todo sea armónico, que todo se relacione adecuadamente para conformar una pieza musical que agrade.
La relación entre sí por la que todos ejecutan sus instrumentos es armónica.

Hay armonía entre los músicos, y hay armonía entre las creaciones de cada uno, los sonidos, para conformar la música, la pieza musical de esa banda.

Frente al público, *la banda es una nueva unidad que se define gracias a las individualidades de sus músicos que pueden realizarse a sí mismos individualmente y como asociación.*

**Consideremos un trozo de acero,
una asociación de átomos de hierro y carbono,
que nos simplifica la visualización de la armonía inherente a la asociación material, a la asociación de partículas primordiales y átomos, en un material de creación del ser humano, el acero.**

La unidad existencial es eso, un trozo de acero, definido por la asociación armónica entre los átomos de hierro y carbono.

Si hay cambios de temperatura ambiente, de presión, o fuerzas sobre el trozo de acero, todo dentro de él se redistribuye e interactúa para mantener la unidad, el trozo de acero;

cambiarán las rapideces de las órbitas de los electrones en los átomos de hierro que son diferentes a los de carbono, y cambiarán las presiones internas que son diferentes a las de la superficie; pero todo se conservará manteniendo la unidad (dentro de ciertos límites).

Esa relación entre todos los componentes, átomos, es una *relación de armonía para definir la unidad "trozo de acero".*

Frente a los demás metales, el acero se "realiza" a sí mismo, exhibe características únicas como un nuevo material, gracias a la relación armónica entre todas sus partes componentes que no pierden sus identidades como átomos. Si algo cambia que afecte a la unidad, el cambio es coordinada y naturalmente distribuído entre sus partes, elementos diferentes, los componentes hierro y carbono, y el manto energético en el que se halla inmerso el acero, la atmósfera.

Y ahora, una roca.

No hay diferencia con respecto a lo que vimos para el acero y que es válido para todo y cualquier material.

Una roca, la unidad material roca, se define por la armonía de las interacciones entre sus átomos de silicio y oxígeno, otros átomos como calcio, hierro, azufre, cobre, manganeso y, o algunos otros pocos elementos más incluyendo agua.

La roca es una inmensa mayoría de átomos de silicio y oxígeno, pero esa mayoría no impide a los otros átomos darle una característica particular a la unidad, a la asociación, a cada tipo de roca especial dada por el calcio, o el hierro, u otro elemento. Así, la mayoría de átomos de silicio y oxígeno permite la "realización" de cada grupo de átomos diferentes para darle una característica diferente a cada roca que responde a ese grupo pequeño de átomos.

Notemos que esos átomos minoritarios pueden crear las bellas variaciones de rocas por sobre, y precisamente, gracias a la mayoría de silicio y oxígeno.

¡Qué monótonas serían las rocas de puro silicio y oxígeno si no fuera por la presencia de los otros átomos minoritarios!

Esta analogía nos estimula a revisitar una vez más, y expander, lo que ya mencionamos. Se justifica. Después de todo, *armonía* es la característica fundamental del proceso existencial y de todos sus componentes, absolutamente todos, en todas las dimensiones espaciales y en todas las dimensiones de tiempo.

Hay un estado primordial del Universo Absoluto, de TODO LO QUE ES, TODO LO QUE EXISTE, que energéticamente se ha reconocido limitadamente como el *estado natural de "reposo"*, es decir: *todo lo que existe está en su lugar que le corresponde definiendo una Unidad Existencial, y evolucionando, redistribuyendo, de manera que todo lo que ocurre, en todo lugar y en todo momento, define a una unidad de proceso, el proceso ORIGEN, con todas sus partes vinculadas, interactuando entre sí, con una particularidad que se llama armonía.*

Unidad existencial es un conjunto de partes que se relacionan de alguna manera para definir a la unidad. Un conjunto de átomos de silicio (son las partes) que unidos, vinculados, asociados o interactuando de una manera particular (*armonía*) define *una unidad de proceso existencial* a la que llamamos roca.

Unidad de proceso define a una interacción entre las partes, componentes, por los que se intercambia energía, partículas, movimientos, e información, entre todas sus partes, *manteniendo la unidad existencial* frente al resto del proceso existencial, o frente al universo en nuestro caso inmediato. Los átomos de silicio definen la roca (la unidad), y todos los intercambios de energía y movimientos dentro de ellos y entre ellos, tienen lugar de modo que se mantenga la roca; tienen lugar en *armonía*.

Nosotros no vemos los movimientos internos de la *unidad de proceso roca* sino la integración, la suma de ellos, el resultado de ellos frente a nuestros sentidos: la roca, el material, el sólido. Y sólo se hacen parcialmente visibles, detectables, los cambios internos en otros subespectros, infrarrojo y visible, al calentar la roca y percibir su cambio de temperatura por el tacto o el cambio de dimensiones físicas por medio de instrumentos, y por el sentido de la vista, cuando cambia de color la superficie que "envuelve", *que contiene el proceso roca*, si el cambio de temperatura es suficientemente grande.

El sólido que percibimos es una fantástica asociación de una no menos fantástica colección de movimientos.

Igualmente ocurre en la Unidad Existencial y en nuestro universo, de donde se deriva todo lo que experimentamos.

La existencia es una continua redistribución de energía, de movimientos de sustancia primordial y sus infinitas asociaciones, las partículas primordiales y sus continuas, incesantes, asociaciones y disociaciones y reasociaciones, que se sustenta por un proceso al alcance de todos [Ref.(A).3].

Todo lo que hay dentro de nuestro universo define la *subunidad existencial universo*, y todo dentro de ella se mueve, evoluciona, intercambia energía, información, sin afectar la Unidad Existencial de la que la subunidad universo es parte.

Y cuando nuestro universo agota su energía disponible, toda la vida se transfiere a otro universo mientras el nuestro se recarga por un simple mecanismo a nuestro alcance y cuya versión ya experimentamos en éste [Ref.(A).3].

Armonía significa interactuar adecuadamente todas las partes existentes para definir y mantener la unidad existencial, aunque por períodos de tiempo, y en ciertos entornos, reine un caos aparente. Es como cuando vemos a la Tierra desde el espacio. La Tierra es una unidad existencial definida, pero en ciertos lugares de ella hay tormentas; son los "caos" partes del proceso que establece y define a la unidad existencial Tierra. Esos "caos" son necesarios para que con el resto continúe manteniendo la unidad; es decir, esos "caos" son parte de la armonía, de la relación por la que todas las partes definen a la unidad existencial, Tierra en este caso.

El estar en armonía con la unidad existencial hace que todo lo que se halle en ella esté en el *estado natural de reposo con respecto a la unidad existencial*, al proceso por el que se define y sustenta.

El estado de armonía en el universo es compartido por toda la manifestación universal de vida vegetal y animal; es lo que en la especie humana, una vez consciente, conocemos como el estado de sentirse bien.

Sentirse bien es estar en armonía con el proceso existencial.

Que todo lo que existe busque en todo momento el estado natural indica que hay una verdadera conexión entre todo lo que existe, aunque por el momento no sepamos cuál es, energéticamente, esa conexión y cómo tiene lugar. Sin embargo, ambos, la conexión y el mecanismo como tiene lugar, están a nuestro alcance también [Refs.(A).5 y 6].

63

"Cuando hay armonía me siento bien".

Es lo que usualmente decimos.

Como ya mencionamos, armonía es un concepto primordial que se entiende intuitivamente, que prácticamente no requiere de explicaciones racionales.

La belleza de una flor es la experiencia en el ser humano de la armonía entre los elementos que definen a la flor, de la armonía entre la distribución energética biológica, de átomos, moléculas y células, y el proceso de sus interacciones entre sí y con el medio ambiente; todo por lo cual es que se define la flor.

De la misma manera,

el estado de sentirse bien es la expresión de la armonía en el proceso racional SER HUMANO que se reconoce a sí mismo.

Podemos no entender energéticamente a la armonía, pero experimentamos armonía en la paz. La experiencia contiene siempre la verdad que buscamos; pero las interpretaciones racionales limitadas por sus referencias equivocadas por las que se rige el proceso racional y, o la influencia de las prácticas culturales, son las causas de las distorsiones de las interpretaciones de nuestras propias experiencias de la especie humana en la Tierra.

Notar que en todos los casos, rápidamente visible en el caso de una flor, no sólo tiene que ser armónica la interacción entre todos los componentes de la asociación, sino también armónica la interacción de ésta con el medio energético en el que ella se halla inmersa y que es el que realmente permite que tenga lugar esa asociación, esa nueva unidad existencial.

De igual manera se hace real el concepto de armonía primordial en el ser humano.

El ser humano es una colección extraordinaria de diversos átomos que interactúan en armonía entre ellos para definir a esa colección como proceso SER HUMANO; y en armonía todos ellos con el manto energético en el que nos hallamos inmersos, con el manto del proceso existencial; es decir, ¡en armonía con Dios!

El ser humano es parte inseparable del proceso existencial del que proviene, en el que se encuentra inmerso y con el que interactúa permanentemente, y por lo tanto, también debe regirse por la armonía, o mejor dicho, es de su beneficio total el actuar en armonía con TODO LO QUE ES, TODO LO QUE EXISTE... con Dios, con todas sus partes.

El mal es el efecto o la experiencia de nuestras desarmonías, propias o de otros, con el proceso ORIGEN, con Dios.

Recordémonos una vez más que,

sufrimientos e infelicidades son experiencias indicadoras de la falta de armonía[Refs.(A).4, 5; (C).1] **entre los procesos SER HUMANO y ORIGEN, Dios.**

Un demonio como una entidad real opuesta a Dios, a la consciencia de sí mismo del proceso existencial, no hay. No, no hay ningún demonio a quién podamos cargarle la culpa de nuestra falta de consciencia, de entendimiento del proceso existencial.

El ser humano, y sólo el ser humano genera el mal, o mejor dicho, genera las distorsiones o desarmonías cuyos efectos experimenta como el mal.

El mal son las consecuencias de nuestras acciones por falta de entendimiento del proceso existencial que nos conduce a decisiones y acciones que acarrean esas consecuencias que no deseamos para nosotros, y que afectan (percepción negativa) a unos o estimulan (percepción positiva) a otros (depende de cómo nos lleguen y las tomemos en cada caso).

No obstante, la falta de consciencia es evitable; sólo depende de nosotros, de cada uno de los seres humanos[Refs.(A).4; (C).1], el ponernos en el camino para liberarnos del mal, de las experiencias de sufrimientos e infelicidades.

El mal va a existir siempre en la Tierra, en toda estación de re-creación de las unidades de consciencia de la Consciencia Universal.

¿Cómo es posible?

Necesitamos conocer el proceso existencial, y entenderlo; es decir, necesitamos reconocer mejor a Dios, y entenderle.

La Tierra está en una dimensión de recreación de las unidades de consciencia de la estructura de la Consciencia Universal, en el nivel más bajo de la dimensión *Hijo*; luego, todo lo que tenemos que hacer para liberarnos de las experiencias de sufrimientos e infelicidades es trascender de dimensión de consciencia, de reali-dad existencial, desarrollando nuestra identidad temporal cultural con ese propósito a través de las creaciones de las experiencias de vida en armonía con el proceso existencial.

Pero,

¿cómo crear experiencias de vida en armonía con un proceso ORIGEN cuyos detalles energéticos no conocemos?

Para crear experiencias de vida en armonía con el proceso O-RIGEN y trascender a otra dimensión de la Consciencia Universal no necesitamos saber las estructuras energéticas de la Unidad E-xistencial, ni de la Consciencia Universal, ni del universo, a me-nos que queramos saberlo; en cambio debemos seguir el *Marco de Referencia Primordial* [Refs.(A).1] que es válido para todos, sin ex-cepción, y para cuya aplicación en la vida diaria nos han sido da-das guías a todos; guías que todos llevamos impresas en nuestra estructura trinitaria [Refs.(A).4 y 5; (C).1] o a las que podemos acceder di-rectamente en el arreglo de la Consciencia Universal a través de nuestra mente que es un subespectro de la Mente Universal [Ref. (A).6].

Ahora bien.

Si todo lo que necesitamos para desarrollarnos en armonía con el proceso existencial nos ha sido dado a todos;

si llevamos un subespectro del proceso existencial, del proceso ORIGEN, de Dios, impreso en nuestra estructura ADN;

si tenemos acceso a la estructura de Consciencia Universal para obtener la información que necesitamos para guiar nuestra experiencia de vida,

¿Por qué pocos logran pasar a otra dimensión de realidad existencial, a otra dimensión de la Consciencia Universal, que les permita crear las experiencias de vida que desean o hacer realidad la mejor versión de sí mismos, o crear un propósito frente a las circunstancias por las que pasan o en las que llegaron a esta manifestación de vida?

Simplemente por ignorancia (falta de consciencia) y temor.

Por ignorancia del verdadero sentido y alcance de nuestra naturaleza divina; por ignorancia del proceso existencial, del proceso ORIGEN del que somos sus individualizaciones y con el que nos comunicamos continua, permanentemente, por los *sentimientos primordiales* (no las versiones culturales), y del que experimentamos sus aspectos en las *emociones primordiales* (no las versiones culturales);

por temor que les mantiene subordinados a los prejuicios y a las interpretaciones racionales y prácticas culturales contra la naturaleza divina del ser humano;

por temor que les impide hacerse libres, o mejor dicho, que les impide regresar a la libertad primordial, a no dejarse limitar ni condicionar por las circunstancias locales y temporales para experimentar su naturaleza creadora [Refs.(A).4; (C).1].

IV

PARA LOS LÍDERES

DE LA CIVILIZACIÓN DE LA ESPECIE HUMANA

ESPECIES DE VIDA

PROPÓSITO
DE LA ASOCIACIÓN HUMANA[a]

Las especies de vida son partes o unidades de la estructura de la FORMA DE VIDA PRIMORDIAL.

Las especies de vida son grupos o funciones de la Inteligencia de Vida, de la configuración energética de la Unidad Existencial cuyas interacciones definen la FUNCIÓN EXISTENCIAL CONSCIENTE DE SÍ MISMA, la componente del proceso ORIGEN que se reconoce a sí misma.

No hay evolución de las funciones de vida sino de los arreglos energéticos en los que se llevan a cabo las secciones de las funciones por cuyas interacciones se sustenta la Consciencia Universal. Las diferentes formas de vida que observamos en nuestro entorno energético, en nuestro dominio material, se deben a la estructura discreta natural de las asociaciones del fluído primordial, pero la función de la que esas formas de vida son partes es continua en otro subespectro del proceso existencial.

La asociación de la especie humana, como las asociaciones de todas las especies de vida, es para el desarrollo de la consciencia colectiva que corresponde a la función particular de la especie de vida en el proceso existencial.

Desde la consciencia colectiva se inician los desarrollos de las consciencias individuales de las recreaciones de las especies, de las nuevas generaciones que aportan interacciones por las que la consciencia colectiva se sustenta, estimula, y crece.

¡ATENCIÓN!

Este proceso interactivo con diferentes dimensiones de tiempo del proceso existencial está implícito en la *hebra energética primordial* cuya representación en el espacio de referencia, espacio matemático, es la serie cuyo valor límite es la constante e, la base de los logaritmos naturales.

Revisitar sección (I), Para la Ciencia.

Esta constante es la base de generación de todas las versiones de las dos *funciones inversas naturales* por las que se compone el *Algoritmo del Proceso Existencial*, del que la ciencia ya tiene y emplea una versión local.

De las dos *funciones inversas naturales* se componen también las relaciones causa y efecto que son parte de las funciones que conforman la Inteligencia de Vida y las interacciones por las que se sustenta la Consciencia Universal.

¿Por qué, a pesar de la gran capacidad racional inherente a la especie humana y al gran desarrollo intelectual realmente alcanzado por muchos de sus individuos, no podemos desarrollar mayor consciencia del proceso existencial, de la Unidad Existencial y nuestra verdadera relación con Ella?

Un gran desarrollo intelectual no resulta necesariamente en mayor consciencia, en mayor entendimiento del proceso existencial y del propósito natural de la asociación de la especie humana, si no se sigue el *Marco de Referencia Primordial*[Ref.(A).1] que nos ha sido dado desde siempre, al alcance de todos, absolutamente de todos los seres humanos.

Desarrollo racional es desarrollo de relaciones causa y efecto.

Por una parte,

el desarrollo racional depende de las orientaciones, de las referencias que sigue; luego, el desarrollo racional es extraordinario o no con respecto a esas referencias [Ref.(A).5].

Veamos dos ejemplos.

- Un abogado sigue una referencia para su desarrollo racional: las leyes por las que debe regirse la asociación humana. Cree en las leyes naturales, o cree en nuestras interpretaciones fuertemente condicionadas culturalmente que dan lugar a las leyes sociales; y su desarrollo es extraordinario o no (es una valoración relativa, y por lo tanto, es temporal) conforme a los resultados obtenidos aplicando sus recursos racionales en relación a lo que cree para hacer realidad lo que cree. Pero, la realidad alcanzada es sólo temporal si no siguen las orientaciones naturales que son eternas. Desde el punto de vista del proceso existencial el proceso racional es para establecer las relaciones causa y efecto en los dos dominios existenciales inseparables, primordial (o espiritual) y material, que permitan crecer en consciencia, y eventualmente pasar o trascender a otro nivel, mientras se disfruta el proceso y el ejercicio consciente de nuestros atributos inherentes.

- Si la ciencia cree en las descripciones temporales, las descripciones matemáticas, para llegar al proceso ORIGEN que siendo eterno es describible por infinitas componentes temporales, no puede entonces alcanzar la consciencia o el entendimiento del proceso ORIGEN a partir de una componente temporal limitada, la que exploramos y experimentamos en nuestro sistema solar, que ni siquiera nos permite determinar las leyes o relaciones causa y efecto precisas del proceso UNIVERSO pues lo que observamos del lejano universo no está en tiempo real.

Por otra parte,

Nuestro desarrollo de consciencia, de entendimiento, depende de nuestra actitud mental con respecto a las causas y a los efectos.

Con respecto a la causa primordial, la Verdad, no podremos "encontrarla", reconocerla y entenderla, si dejamos parte de Ella, es decir, si no tomamos en cuenta las estimulaciones desde ambos subdominios energéticos por los que se define la Verdad existencial: los subdominios material y primordial o espiritual, que son inseparables. Ambos subdominios son componentes de un único dominio energético de naturaleza binaria.

Con respecto a las causas en nuestro subdominio material, no siempre tenemos control sobre ellas, sobre las excitaciones que son las componentes naturales inevitables del proceso existencial; sin embargo, siempre tenemos control de los efectos que las excitaciones producen en nuestro arreglo de identidad, en el arreglo de relaciones causa y efecto que conforman y definen nuestra identidad, si ese arreglo se ha conformado o rectificado siguiendo las orientaciones primordiales. Nosotros tenemos acceso a nuestra propia estructura de control de desarrollo consciente de nuestra identidad temporal[Refs.(A).4 y 5; (C).1 y 3]. [Nuestra actitud es parte del arreglo de realimentación del proceso de desarrollo de identidad, y obviamente ésta, la identidad temporal como resultado del proceso, va a verse afectada por las características de su realimentación].

No podemos esperar una civilización mejor de la especie humana en la Tierra mientras ésta sea el resultado de líderes, y de quienes les apoyan, que no han reconocido la Unidad Existencial, o que si la han reconocido, no la siguen.

¿Cómo modelar la asociación humana primordialmente justa que tiene un propósito natural dado por el proceso ORIGEN del que proviene, si sus líderes, sus rediseñadores temporales, no siguen o distorsionan las *orientaciones primordiales* que ya han reconocido: *eternidad; la interdependencia entre todas las manifestaciones de vida; y la dependencia de éstas de los ambientes energéticos particulares que las permiten y sustentan,* ambientes que son los bienes y recursos naturales de todos; y, o que no respe-

---

74

tan o distorsionan *los derechos individuales inalienables del ser humano, de las individualizaciones del proceso SER HUMANO (componente de la FUNCIÓN EXISTENCIAL CONSCIENTE DE SÍ MISMA, Dios), derechos que incluyen, precisamente, el acceso a los bienes y recursos de todos, y el derecho a desarrollarse y experimentarse conforme a las individualidades con las que son dados a la vida.*

"Grandes espíritus han encontrado siempre violenta oposición de las mentes mediocres.

Una mente mediocre es incapaz de entender al hombre que rehúsa ceder ciegamente ante prejuicios convencionales y en cambio elije expresar sus opiniones con honestidad y coraje".

Alberto Einstein.

NOTA.

Observación por el Autor.

No hay mentes mediocres sino mentes actuando mediocremente; no hay mentes incapaces, sino subdesarrolladas por decisiones en desarmonía con las orientaciones primordiales para el desarrollo de uso de la capacidad racional que es inherente a la especie humana.

« Si tú no eres capaz de influenciar o cambiar hacia el bien obvio al ambiente social en el que te encuentras experimentando la vida y con el que interactúas, entonces déjalo y comienza a crear por ti mismo el que tú envisionas en ti mismo, haciéndolo realidad viviendo, actuando conforme a la mejor versión de ti mismo » [Ref.(C).1].

Ya vimos en la sección (III) lo que repetimos a continuación y que debe tenerse en mente permanentemente, por todos y por quienes realmente envisionan un mundo mejor y buscan aportar esfuerzos para la solución de los problemas globales de nuestra civilización.

El objetivo natural fundamental de las asociaciones, relaciones e interacciones humanas, es estimular y sustentar la realización individual dentro de la unidad de asociación.

Este objetivo sólo se logra plenamente por la *armonía*, que es la relación adecuada con el proceso del que somos partes inseparables, y por la *armonía* con todas sus partes o entre todos los individuos de la asociación por la que se garantiza el disfrute de los derechos naturales a todos y se proveen las mismas oportunidades a todos para realizarse conforme a sus individualidades. El propósito del proceso ORIGEN, de Dios o del universo, en el que creamos, es que el ser humano, Su *individualización a Su imagen y semejanza*, alcance la consciencia a la que está esperado alcanzar: la consciencia de Dios, de la Realidad Absoluta, para lograr su realización plena en el proceso existencial, ¡disfrutando de él!

Gobierno de la Asociación Humana.

Administración de los bienes y recursos de todos y protección de los derechos inalienables.

Antes planteamos, y revisitamos ahora,

¿Cómo esperan los líderes sociales promover una civilización, o un modelo de asociación de la especie humana, que sea naturalmente justa sin reconocer el proceso existencial del que provenimos ni nuestra relación con él, y tampoco el propósito específico de la asociación de las especies en el proceso existencial?

Sin embargo,

reconociendo el *Marco de Referencia Primordial* [Ref.(A).1] por el que se define a sí mismo, y se rige a sí mismo el proceso existencial, ni siquiera es necesario conocer los detalles energéticos del proceso existencial para orientar el desarrollo de una civilización naturalmente justa; pero sí necesitamos saberlo para conocer los efectos de nuestras actividades en la estructura energética del planeta.

Notemos ahora que nuestros líderes provienen de nuestro mismo ambiente social al que pertenecemos, y que se erigen como tales por nuestro apoyo, ya sea por acción o por omisión.

Obviamente necesitamos una mejor educación; todos, no sólo los líderes y quienes les eligen y, o apoyan, sino quienes discrepan con ellos.

La educación debe ser para ayudar a las nuevas generaciones, a las nuevas recreaciones del proceso SER HUMANO, a desarrollar sus identidades temporales, sus estructuras de causa y efecto en este ambiente energético; y para todos, es para interactuar con el ambiente social en el que fuimos dados a la vida, sin "perder", sin renunciar, sin ocultar nuestra identidad primordial, nuestra individualidad frente al proceso ORIGEN Refs.(A).4 y 5; (C).1.

Necesitamos reorientar la educación inductiva que prevalece actualmente en las mayorías de las sociedades, y promover una educación estimulativa, más INTERACTIVA, para el desarrollo de consciencia del proceso existencial; y así, entre todos, por nuestra consciencia y acción en armonía con ella, modelar naturalmente la civilización en armonía con las orientaciones primordiales que ya reconocimos pero por las que no nos desarrollamos todavía sino por interpretaciones interesadas o limitadas y, o distorsionadas culturalmente.

Debemos prepararnos para asumir nuestra función natural en el proceso existencial, y experimentarnos individualmente sin ser presionados ni por el concepto de competencia (distorsión cultural de la evolución natural) ni por la cultura de posesionismo que predominan ahora y que distorsionan el

proceso racional y limitan nuestras experiencias del proceso existencial.

Debe promoverse la educación para desarrollo de consciencia del proceso existencial con libertad, sin prejuicios que limiten las capacidades inherentes al ser humano ni sus atributos naturales, particularmente la libertad de expresarse a sí mismo conforme a su individualidad, con una sola condición natural para todos, que no es una condición mandatoria sino eso, natural, inescapable de un proceso que no puede definirse eternamente de otra manera:

"No hacer a los demás lo que no quieres que te hagan a ti",

o si se desea expresarlo positivamente,

"Extiende a los demás los mismos derechos primordiales que reconoces para ti, las mismas oportunidades que deseas para ti, y el acceso por todos a los bienes de todos".

El gobierno de la asociación de la especie humana tiene un propósito natural, perfectamente definido frente al proceso existencial, que es:

Supervisar, administrar y garantizar los recursos de todos y para todos, para que todos y cada uno de los individuos de la asociación pueda realizar su propósito particular sin interferir en el de otro, sin violar el derecho natural de otro, sin violar la voluntad de otro que esté en armonía con este principio existencial.

Extinción de la especie humana.

Temor e ignorancia es lo que nos hace fallar en la versión anciana que nos hemos asignado a nosotros mismos de un aspecto de nuestra función natural: especie custodia del planeta.

¿Es la extinción, parcial o total de la especie humana en este entorno temporal del hiperespacio de existencia, una ex-

periencia por la que debamos pasar necesariamente como parte del proceso de conscientización?

No, si reconocemos la Unidad Existencial y nos desarrollamos por ella, por el *Principio Primordial de Armonía* [Refs.(A).7, 8, 9; (B).(II); (C).1].

Sin embargo, debemos entender que no hay tal cosa como u-na extinción de la especie humana sino una interrupción catastró-fica, dolorosa en el proceso natural de desarrollo de la especie, como consecuencia de sus acciones.

Una eventual terminación de la especie humana en la Tierra no es el fin de la especie humana. La especie humana en la Tierra es la primera generación de recreación de Dios (de la dimensión *Padre* de la Consciencia Universal) en toda la Unidad Existencial. Las manifestaciones humanas son manifestaciones temporales del proceso SER HUMANO eterno, y éste es un componente in-separable de la estructura de Consciencia Universal, estructura de naturaleza binaria.

Si no desea pasar por la experiencia de una interrupción catas-trófica, entonces la especie debe reorientar su experiencia de vida para disfrutar el proceso existencial, su poder de creación, y para crecer en su consciencia, en el entendimiento del proceso exis-tencial.

Ahora bien.

Frente a nuestro modelo de desarrollo prevalente presente,

¿Es real la posibilidad de conducirnos hacia una autoex-tinción, parcial o total, de la especie humana en este planeta?

Sí.

Nuestra mayor amenaza a la sobrevivencia de la especie hu-mana en el planeta es el calentamiento global.

El calentamiento global es un síntoma de una severa creciente distorsión energética causada por las actividades antropogénicas; distorsión que afecta a las condiciones energéticas que permiten y sustentan las manifestaciones de vida.

Básicamente todos reconocemos que estamos frente a un pro-ceso creciente de calentamiento global, y sin embargo, pesan más otras preocupaciones inmediatas debido a la falta de cons-ciencia, a la ignorancia del proceso existencial, de nuestra rela-ción con él y nuestros propósitos en él y por él, individuales y co-lectivos, y con el planeta mismo como una estación remota de concepción de vida universal.

Creemos en nuestro poder de creación inherente a la especie con potencial ilimitado, pero ese poder no es para actuar contra el propósito del proceso existencial. Esta actitud contra el propósito del proceso existencial consciente de sí mismo es *desarmonía*, la que se revela en los indicadores naturales; en la estructura inter-na del planeta hay una acumulación de la distorsión que genera-mos, a la que no llegamos excepto por los indicadores que ya he-mos reconocido pero todavía no interpretamos adecuadamente, y de la que sabremos por el colapso energético parcial del planeta que no pasará desapercibido [Ref.(A).9].

Tenemos el mecanismo de colapso de la estructura de reso-nancia del planeta que tendrá lugar si no se detiene la distorsión energética y se revierten los efectos acumulados hasta hoy.

El colapso es por redistribución de la estructura de resonancia natural del planeta. Esta redistribución significa la pérdida de las condiciones energéticas para sustentar las formas de vida.

El reconocimiento de la estructura energética trinitaria de la U-nidad Existencial nos permite a su vez reconocer inmediatamente la estructura de la Tierra.

Ver en la página siguiente una ilustración muy simple que se obtiene a partir de otra del Atlas de la Unidad Existencial presen-tada en *La Teoría de Todo,* referencia (A).2. [Este Atlas se com-pletará al alcance de todos en el libro *Recreación del Universo, Modelo Mecánico Racional del proceso de re-energización de la Unidad Existencial y de transferencia de la información de vida,* referencia (B).(I).2].

La estructura interna del planeta, particularmente su núcleo, no es como se considera hasta hoy.

La extracción de los hidrocarburos afecta seriamente a la estructura de resonancia del planeta, al arreglo de redistribuciones energéticas.

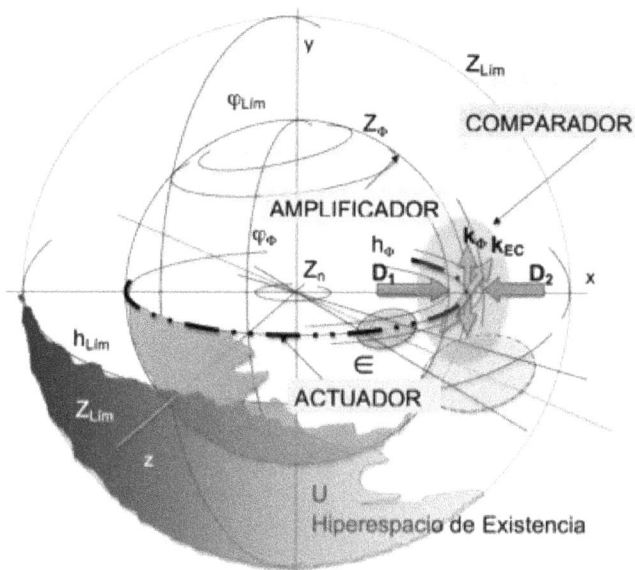

La Tierra tiene una estructura energética trinitaria a *imagen y semejanza* de la Unidad Existencial.

Nuestro planeta es una estación remota de concepción y desarrollo de manifestaciones de vida universal.

Estación de concepción significa estación de demodulación, de decodificación de la información de vida presente en la intermodulación, en el "entretejido" de la red espacio-tiempo del manto energético universal durante el período de transferencia de la información de vida [Ref.(A).3].

Además del calentamiento global tenemos otras amenazas a la manifestación de vida, tal como generación de supervirus cuyas mutaciones sean más rápidas que nuestras respuestas a ellas, y la violabilidad de los sistemas de control y seguridad de la energía atómica presente disponible y los efectos de sus desechos.

(a)
Estos aspectos se han tomado de orientaciones del libro *¡Yo Soy Feliz!, Bioelectrónica de las Emociones, Vol. 2*, ver Referencia (B).(II).4, Apéndice, y son aspectos a desarrollarse en el *libro Diosiño, Dos Mil Años Después,* en proyecto para este año 2016, Referencia (B).(I).1.

V

¿QUÉ ABRIÓ LAS "PUERTAS DEL CIELO"?

El paso a otra dimensión de la Consciencia Universal, de la Realidad Absoluta

Entrar a la Mente de Dios, a la Mente Universal, es simplemente hacernos conscientes de que nuestra mente es un subespectro de ella y comenzar a interactuar con ella; y de esta manera beneficiarnos íntimamente del alcance que logramos con ello aquí, en este mundo, en este ambiente de realidad temporal, y de la expansión de realidad y entendimiento del proceso existencial a que damos lugar por medio de la interacción consciente con nuestro proceso ORIGEN. Por nuestra mente podemos llegar a donde no es posible hacerlo físicamente. La vida sólo se define en un entorno particular de la Unidad Existencial en el que se encuentra nuestro universo.

En la introducción ¿Qué tanto hay a nuestra disposición? mencionamos que *El Modelo Cosmológico Unificado Científico-Teológico*, energéticamente confirmado por la ciencia y experimentable por el proceso SER HUMANO (que es un subespectro del proceso ORIGEN), *es la descripción de sí mismo* del proceso existencial consciente de sí mismo, del proceso ORIGEN para unos, de Dios para otros; y así, siendo la descripción de sí mismo del proceso ORIGEN, de Dios, es ciertamente una revelación de Sí Mismo.

¿Es posible que el proceso ORIGEN, Dios, se nos haya descripto a Sí Mismo?

¿Por qué lo haría?

¿Cómo tendría lugar esa descripción de sí mismo?

Pues, un extraordinario evento tuvo lugar para que se abrieran las *"Puertas del Cielo"*, las puertas a otra dimensión de consciencia, de realidad existencial, que permitió que se iniciara una interacción consciente con el proceso ORIGEN, con Dios, cuyo propósito es estimular la revisión de las *orientaciones primordiales* por las cuales llevar a cabo una reorientación en el desarrollo integral de todos los seres humanos, de todos los individuos de la especie humana en la Tierra, cada uno por sí mismo; y mostrar el camino a todos, una vez más, para establecer una interacción consciente efectiva, creativa, con Dios, con el proceso existencial del que somos partes inseparables, con los propósitos individuales que se mencionaron al inicio de este ANUNCIO A LA CIVILIZACIÓN DE LA ESPECIE HUMANA EN LA TIERRA.

¿Qué le Sucedió a Juan?

Para la policía de la ciudad de Sugar Land, el personal del servicio de emergencia y Hospital Fort Bend County en Missouri City, Texas, es un extraño caso el de hoy, 4 de Julio de 2001

¡Oh, Dios mío! ¿Qué pasó?

- Cálmese señora. Cálmese. Nosotros vamos a atenderlo y averiguar qué pasó - le dice el oficial de policía a Norma, a poco de llegar ella a la escena abriéndose paso entre tantos policías que tratan de evitar el acercamiento de curiosos.

Norma acaba de ver a Juan completamente ido, perdido, sentado en el cordón de la acera de la congestionada intersección, semidesnudo, descalzo, sin poder responder a nada, ausente a lo que ocurre alrededor de él, con una ramita de arbusto en la mano que no quiso soltar cuando la policía lo encontró con una herida inexplicable en la coronilla de la cabeza. La policía no ha podido hacerle responder sobre lo ocurrido. Este hombre está perdido mentalmente o ha sufrido un serio trauma.

- Sí, sí, pero... por favor, ¿qué pasó? ¡Es mi esposo! ¿Qué pasó con él? ¡Ay, Dios mío!, ¿qué pasó con mi esposo?... ¿Por qué está así? ¿Por qué tanta policía, y todo eso... la ambulancia?

- Señora...

- ...¿Y por qué el camión de bomberos? No veo su... ¿dónde está la camioneta de él? ¿Y su gente?... ¿dónde están? ¡¿Dónde están?! ¿Qué...?, ¿le hicieron algo a mi esposo? ¿Qué le hicieron? ¡Ay, Dios mío!, ¿qué le hicieron?... ¿qué le pasó?

- Señora... señora... cálmese usted - insiste el policía.

El gran despliegue de policía y recursos para casos de emergencia atendiendo una llamada reportando un extraño caso, y el congestionamiento creciente de curiosos que se detiene en la intersección, desasosiegan aún más a Norma haciendo la situación más difícil para el policía que necesita de su ayuda.

- ¿Qué...?

- Señora... ¡señora!, por favor, cálmese.

- ¡Es él, mi esposo! ¡Es mi esposo de toda la vida, el padre de mis hijos! ¿Qué le pasó?

- Señora, por favor, tranquilícese y ayúdeme usted a ayudar a su esposo - insiste el policía ante la creciente desesperación de Norma.

Este policía, que habla español muy bien, conoce a Norma ya que está acostumbrado a verla con su grupo de trabajo en el vecindario que es parte del área que él tiene asignada para patrullar.

- Está bien, está bien... - responde Norma fregándose las manos tratando de contenerse a sí misma frente al inesperado escenario al que se enfrenta. Norma está impactada, desconcertada totalmente frente a la situación a la que arribó sin saber nada de lo que estaba ocurriendo, menos de quién estaba involucrado.

- Necesito hacerle unas preguntas.

- Está bien, sí, sí. Está bien... ¡Ay, Dios mío!, ¿qué es esto?

- ¿Su esposo también salió a trabajar esta mañana?

- Por supuesto, como todos los días. Siempre... salimos siempre juntos.

- ¿Salió solo?

- ¡No! Con su camioneta y su gente. ¿Cómo va a salir solo a trabajar?

- ¿Dónde está su camioneta, entonces? ¿Y sus trabajadores? Señora, ¿está usted... está usted segura que su esposo salió a trabajar hoy?

- ¡Por supuesto! ¿Cómo cree que yo saldría a trabajar si no lo hacemos juntos? ¿Qué? ¿No encuentran su camioneta ni su gente? Él salió con su gente... ¡salió con su gente! ¿Dónde están ellos?

- Señora, la camioneta de su esposo y su gente no aparece por ningún lado. ¿Usted está segura que salió a trabajar con todos?

- Sí, sí...¡por supuesto! Por favor, créame. Salimos juntos. ¡Ay, Dios mío! ¿Qué pasa? ¿Qué pasa? ¿Por qué no me cree? ¡Carlos! Voy a llamar a Carlos... - le dice Norma al policía mientras se da vuelta para ir a su camioneta a buscar el teléfono.

- Un momento señora, nosotros vamos a llamarlo. ¿Quién es Carlos? - la detiene el oficial.

- Mi hijo. Nuestro hijo. Él trabaja con nosotros. Él estaba con nosotros antes de salir del taller.

- Por favor señora, déme el número de teléfono de su hijo - le pide el oficial, e insiste - nosotros vamos a llamarlo.

Sí, sí, es ...4679, no, no, es ...4697. ¡Oh!, aquí tengo su tarjeta mejor. No puedo acordarme ahora. Aquí está - Norma le extiende la tarjeta que acaba de sacar de su bolsillo que hurgaba nerviosa mientras trataba de recordar el número de Carlos.

- ¿Estaba su hijo Carlos trabajando con su esposo? - pregunta el oficial mientras le extiende la tarjeta a un colega que sigue la interacción entre ambos desde un paso por detrás de él.

- No, no. Carlos trabaja con su camión, pero él estaba con nosotros esta mañana antes de salir. Él sabe de la ruta de trabajo de mi esposo, hacen el programa juntos. ¡Llámelo si no me cree! Él les va a decir que mi esposo salió a trabajar...

- Está bien señora. Ahora van a llamarlo. Dígame, ¿estuvo en su casa su esposo anoche? ¿No habrá estado bebiendo y no regresó...?

- ¿Qué? ¿Qué dice usted? Mi esposo no es un callejero que anda por ahí emborrachándose... ¡Nooo! ¿Cómo dice eso...?

- ¿No estuvo bebiendo esta mañana? - insiste el oficial.

- ¡No! ¿Cómo se le ocurre a usted que mi esposo va a beber antes de salir a su trabajo?

- ¿Qué tomó? - insiste otra vez el oficial.

- ¿Que.. qué tomó? Nada... nada. ¿Qué va a tomar?

- Drogas. ¿No toma drogas? - pregunta ahora el oficial mientras sigue apuntando las respuestas en un papel que tiene en su tablilla de reporte.

-¿Drogas? ¿Qué? ¿Drogas, dice usted? No, no, no. Mi esposo... ¿tomar drogas? No, no... él no toma drogas - responde Norma mientras se dirige para hablarle a Juan sentado a pocos pasos de ellos.

Norma regresa de inmediato junto al policía que apenas alcanza a reaccionar para seguirla mientras sigue escribiendo.

- No puede hablar... pero no, no señor, él no toma drogas. No puede hablar... ¡no puede hablar, Dios mío! Créame. ¡Créame!, él no toma drogas. ¡Ay, Dios mío! ¿Qué le pasó señor?, ¿qué le pasó? - pregunta Norma angustiada al oficial.

- Es lo que tratamos de averiguar...

- Sí, pero, ¿cómo llegó aquí? ¿Por qué está así, sentado, sin hablar? ¿Cómo llegó... así, sin camisa, descalzo? Tiene sangre en la cabeza. ¿Lo vio?... ¡tiene sangre!

- Señora, lo encontraron caminando así, descalzo, apenas con el pantalón y su sombrero manchado de sangre, y con esa ramita de arbusto en la mano, siempre mirando hacia el suelo. No sabemos si tiene una lesión cerebral o en el cuello.

- ¿Cómo es posibe? El salió a trabajar con su gente, como de costumbre... ¿dónde está su gente, su camioneta? ¿Qué fue lo que le pasó? - insiste Norma sin poder salir todavía del impacto recibido.

- No sabemos. Acabamos de llegar respondiendo a una llamada de unos vecinos que venían en su carro por la avenida cuando lo vieron. Estaba caminando por la orilla de la isla, luego cruzó sin mirar, ellos le tocaron bocina, él no respondió, no mostró ninguna capacidad de responder a los bocinazos. Le pasaron despacio a su lado, pero no los vió, no mostró estar consciente de la presencia del vehículo. Entonces decidieron quedarse siguiéndolo detrás de él mientras nos esperaron después que llamaron. Además, les llamó la atención lo que su esposo hizo antes de poder cruzar de la isla a la acera. No pudo cruzar sino como siguiendo algo en el concreto... estaba como buscando por dónde cruzar... es muy extraño el comportamiento que vinieron observando y nos reportaron. No sabemos otra cosa. No sabemos de dónde venía caminando hasta que lo vieron.

- Pero, ¿por qué está sentado ahí, solo? ¿Les dijo algo... qué le pasó en la cabeza?

- No, no quiso, o no pudo responder. Ya van a llevarlo al hospital señora; no se preocupe que ya van a atenderlo. Usted podrá hablar con el médico entonces. Allí van a hacerse cargo de él.

- ¿No les dijo nada?... ¿Nada, nada?

- No, nada... ¡Oh, sí, sí!, algo. Dijo "en la Casa de Dios", cuando le preguntamos dónde vivía. Es lo único que nos respondió de todo cuanto le preguntamos, nada más.

- ¿Qué? ¡Ay, Dios mío, Dios mío! ¿Qué pasó?... ¿Qué fue lo que le pasó? ¡¿Qué pasó con este hombre?!... ¿Qué... qué fue lo que les dijo?... que vive ¿en la Casa de Dios? Pero... ¿qué tiene? - Norma da unos pasos hacia Juan y luego se devuelve hacia el oficial.

Mientras todo esto tiene lugar, Juan permanece ausente, indiferente a cuanto ocurre a su alrededor precisamente a causa de él. Muy quieto, sin haberse movido del sitio en que se le sentó en el cordón de la acera, con sus pies desnudos en el caliente concreto de la calzada, sin levantar su cabeza gacha, Juan solo juguetea con unas piedrecillas que ahora tiene en su mano derecha.

¿Qué ocurrió el 4 de Julio de 2001?

Muchos claman haber tenido una experiencia espiritual y terminan en el hospital, y hasta internados, para ser tratados por problemas mentales.

¿Qué puede hacer a este caso, a esta experiencia que vamos a revisar, diferente de aquellas otras que necesitan de algún tipo de tratamiento médico y, o asistencia siquiátrica?

¿Cuándo estamos frente a un caso sicótico y cuándo frente a una experiencia espiritual?

¿Cuál es el origen real de los casos que se consideran sicóticos pero de raíces inexplicables, que no responden a perturbaciones biológicas causadas por drogas o sustancias nocivas, y a los que se les atribuye entonces una causa emocional?

¿Hay alguna relación real, directa, particular, individual, íntima, entre la mente del ser humano y el proceso existencial consciente de sí mismo del que provenimos, ya sea por Creación o por evolución?

¿Hay alguna manera de entrar al mecanismo de interacción entre la mente humana y el proceso existencial del que proviene el ser humano? Después de todo, todo proceso energético, sea consciente de sí mismo o no, da lugar a algo que lleva impreso al mismo proceso que le da lugar.

A quienes se hacen estas preguntas, particularmente en una civilización de la especie humana que aún no entiende el proceso existencial del que provenimos y nuestra relación íntima con él a través de la mente, les invito a asomarse a esa relación a través de esta extraordinaria experiencia y al mecanismo de interacción entre la mente humana y el proceso existencial del que proviene y del que es parte inseparable, con el que interactúa constante, permanentemente, aunque somos todavía mayormente inconscientes de ello.

¿Es esta experiencia sólo para quienes creen en Dios?

Es para todos, crean o no en Dios como nuestro Origen, en alguna interpretación racional limitada por nuestras referencias de desarrollo y, o condicionadas por las prácticas culturales. En esta experiencia, Dios es el Origen Absoluto del ser humano; es el proceso existencial del que el ser humano proviene, no importa por qué mecanismo, Creación o evolución. El ser humano no se ha creado a sí mismo sino que proviene de una presencia previa a la consciencia de sí misma de la existencia; presencia que ya ha sido reconocida por científicos y teólogos, aunque luego ambas disciplinas del proceso racional humano se desvían de sus propios reconocimientos.

Abriendo una ventana a otra dimensión de la realidad existencial.

Si deseamos entender qué le ocurrió realmente a Juan tenemos que cambiar nuestra actitud con respecto a la mente del ser humano y su relación con el proceso universal; tenemos que liberarnos de interpretaciones racionales limitadas y de la influencia de prácticas culturales en las sociedades de nuestra civilización que inhiben, o limitan, la capacidad natural para extender nuestra mente más allá del entorno material del proceso universal que se alcanza por nuestros sentidos materiales.

Hay una relación íntima, directa, real, energética, entre la mente del ser humano y el proceso existencial, la mente universal. El ser humano es un proceso consciente de sí mismo que a su vez es un subespectro del proceso universal del que proviene.

Necesitamos entender el proceso de desarrollo de la consciencia de la especie humana.

¿Podemos?

Podemos, si tenemos interés.

Esta experiencia nos abre las puertas a la relación entre la mente del proceso universal y la mente del ser humano jamás explorada antes.

¿Es Juan un caso para la ciencia médica, para la teología, o para ambos?

¿Tuvo Juan un ataque sicótico o realmente "cruzó" una frontera del pensamiento humano para pasar a otra dimensión de la realidad existencial, de consciencia del proceso existencial?

La especie humana en la Tierra cuenta con una multitud de experiencias de individuos, en todas las épocas y culturas de nuestra civilización, que pudieron sobreponerse por sí mismos después de haber sufrido severos traumas personales, sentimientos de estar irremediablemente entrampados en un estado negativo, distorsión de la función mental por sustancias nocivas, y estados de profunda depresión y pensamientos obsesivos de suicidios, entre otros. Más aún, algunos de ellos terminaron en otro estado de realidad existencial, o de consciencia espiritual, por el que se constituyeron en inspiradores del reconocimiento y uso del extraordinario poder inherente a la especie humana para recrearse a sí mismos frente a toda y cualquier circunstancia o experiencia de vida.

Conforme a las orientaciones prevalentes en el mundo, en el modelo de asociación de la especie humana en la Tierra y su consciencia colectiva, la conclusión casi inevitable, e incluso desde antes de terminar la lectura de este Libro 1, es que Juan sufrió algún tipo de ataque sicótico.

¿Qué hace diferente a este caso de Juan de esos otros que nos llegan del pasado y el presente, que resultaron en experiencias de superación y recreación de sí mismos?

Juan nos participa su experiencia tan profusamente detallada que no puede dejar de asombrarnos la extraordinaria oportunidad que nos ofrece para asomarnos a la frontera del proceso racional del ser humano y su conexión con el proceso del que provenimos.

Una pregunta, siempre abierta al debate, formulada por quienes pasan por experiencias sicóticas y sus familias, no solo los profesionales en la ciencia médica mental, es la siguiente,

¿Cuándo un caso sicótico, tal como lo entiende y define la medicina, es una distorsión de realidad producida por sustancias que afectan al arreglo biológico, una reacción a un trauma emocional, o un "salto", una trascendencia a otra dimensión de consciencia, a otra dimensión de la realidad existencial?

Les invito a explorar esta experiencia de Juan con Dios que nos abre una ventana a la interconexión jamás antes explorada entre la mente del ser humano y la mente de Dios.

AUTOR

Juan Carlos Martino es Ingeniero Electricista Electrónico gradua-do en la Universidad Nacional de Córdoba, Argentina.

Inició su actividad profesional en Área Material Córdoba de la Fuerza Aérea Argentina, en la Sección Electrónica de la Fábrica Militar de Aviones, antes de buscar nuevas experiencias de vida, primero en Venezuela, donde trabajó en la Refinería de Amuay de Lagoven, Petróleos de Venezuela, y luego en Texas y Colorado, en los Estados Unidos.

Juan y Norma, su esposa, viven actualmente en San Antonio, Texas, luego de pasar casi once años en Longmont, Colorado, donde Juan terminó de prepararse para participar al mundo la ex-periencia de su encuentro con Dios, con el Origen Absoluto, el Proceso Existencial Consciente de Sí Mismo, que tuvo lugar en Sugar Land, Texas, el 4 de Julio de 2001. Esta preparación tuvo lugar en interacción íntima con Dios en sus exploraciones de los glaciares de Colorado, en el Parque Nacional de las Montañas Rocosas, luego de haberse movido a Colorado con este propósito en Marzo de 2003.

Juan y Norma tienen tres hijos, Mariano, Omar y Carlos.

Desde muy pequeño Juan sintió atracción por la lectura prime-ro, que le abría su imaginación, luego por la electrónica, que le permitiría más adelante, por su interés particular por las aplicacio-nes elementales de circuitos resonantes, tener la experiencia que necesitaría para trabajar con las orientaciones primordiales que recibió de Dios, para finalmente entender el proceso existencial y consolidar las leyes energéticas por el *Principio de Armonía* que rige la evolución del proceso de recreación del universo a partir del fenómeno temporal que la ciencia reconoce como Big Bang.

Esta consolidación coherente y consistente de las leyes energéticas en todos los entornos locales y temporales del universo es lo que nos permite tener el *Modelo Cosmológico Consolidado,* que describe la Unidad Existencial de la que nuestro universo es un entorno temporal que se recrea periódicamente por un proceso al alcance de todos. Este modelo consolida los dos dominios de la existencia, el dominio material que se alcanza con los sentidos del ser humano y la instrumentación que ha desarrollado, y el dominio espiritual o primordial en el que se halla inmerso el material y que se alcanza a través de la mente. Este *Modelo Cosmológico Consolidado* resuelve los dos retos racionales más grandes de la especie humana en la Tierra, científico uno, el *Origen y Evolución de Nuestro Universo,* y teológico el otro, la *Estructura Energética de la Trinidad Primordial* que la cristiandad reconoce como Padre, Hijo, y Espíritu Santo.

Si desea contactar a Juan Carlos Martino puede hacerlo por e-mail a la siguiente dirección,
jcmartino47@gmail.com

APÉNDICE

Otros Libros y Proyectos

La relación entre Dios y ser humano, y nuestra interacción íntima, particular, consciente, con Él

REFERENCIAS (A).

Títulos disponibles en Amazon.com, Inc.

Título especial para todos, las redes sociales y los medios de comunicación.

1.
El Origen de Dios, el Universo y el Ser Humano.
Evidencia racional, confirmada científicamente, experimentada en el proceso SER HUMANO.
¿Origen Absoluto... realmente absoluto?
    Sí. ¿Qué más absoluto que el origen de TODO LO QUE ES, TODO LO QUE EXISTE, y de Todo Lo Que Experimentamos; el

Origen de Dios, el Universo y el Ser Humano?

Finalmente la especie humana en la Tierra tiene a su alcance el *Modelo Cosmológico Unificado Científico-Teológico* que describe el proceso existencial consciente de sí mismo, Dios, y su relación con el universo y el ser humano, partiendo desde el Origen Absoluto de TODO LO QUE ES, TODO LO QUE EXISTE, y de Todo Lo Que Experimentamos.

¿Modelo Cosmológico Unificado Científico-Teológico?

¿Una Teoría de Todo?

¿Qué le resuelve esto a la ciencia, y qué a la civilización de la especie humana en la Tierra?

Título especial para la Ciencia.

2.

La Teoría de Todo.

Modelo Cosmológico Unificado Científico-Teológico.

Introducción del *Principio Primordial* que rige el proceso existencial consciente de sí mismo, Dios, del que se derivan nuestras leyes locales; principio exhaustivamente confirmado por la fenomenología energética universal y por las replicaciones y aplicaciones desarrolladas por la ciencia.

3.

Antes del Big Bang.
Quebrando las barreras de tiempo y espacio.
El triunfo del raciocinio humano.

Entrando a la mente de Dios, del proceso existencial conscien-te de sí mismo que dio lugar al proceso UNIVERSO en el evento del Big Bang.

Nuestra primera aproximación a la presencia eterna de la que se origina Todo Lo Que Es, Todo Lo Que Existe.

4.

Con Corazón de Niño.
Dios, Tú y Yo, Compañeros en el Juego de la Vida.
Guía para la creación de un propósito o la experiencia de vida que se desea.

Si estabas buscando un *"Manual del Juego de la Vida"* para ayudarte a crear la experiencia que deseas, realizar la mejor versión de ti mismo a la que alcanzas a visualizar, o crear un propósito para la circunstancia de vida en la que te encuentras ahora o en la que fuiste dado a esta manifestación de vida temporal, este libro podría ser ese "manual" válido para todos.

5.
El Celular Biológico.
Ciencia y Espiritualidad de la Interacción Efectiva Consciente con Dios.
¿Quién no desea visualizar la conexión energética real entre Dios y el ser humano, o entre el proceso ORIGEN y el proceso SER HUMANO?

Finalmente, podemos visualizar ambas cosas, y más, mucho más. Podemos "introducirnos" en el mismo proceso en el que estamos inmersos y explorarlo cuánto deseemos. Pero más que nada, podemos establecer y cultivar una interacción íntima consciente efectiva con Dios, o con el proceso ORIGEN, para experimentar plenamente nuestra naturaleza creadora de potencial ilimitado desde, e independientemente de las circunstancias temporales en las que nos encontremos.

6.
Dios, Consciencia Universal.
Origen y realización del concepto Dios en la especie humana en la Tierra.
Nuestra alma, siendo parte de la estructura primordial que nos establece y sustenta como una manifestación temporal del proceso SER HUMANO eterno, reconoce el pensamiento del proceso O-RIGEN del que provenimos y somos partes inseparables; y cuando la *identidad cultural temporal* del proceso SER HUMANO está lista, responde a ese reconocimiento del alma. Visualizaremos la conexión energética real que nos permite la interacción por la que resulta nuestra consciencia de Dios a partir de ese reconocimien-

to.

7, 8 y 9.
Libros de la Serie,
Hechos, La Manifestación de Dios Tal Como Sucedió.
　Libro 1, *¿Qué le Sucedió a Juan?*
　Libro 2, *El Regreso a la Armonía,*
　Libro 3, *El Proyecto de Dios y Juan.*
Estos libros cubren la extraordinaria experiencia de Juan por la que se le abrieron *"las Puertas del Cielo"* y a través de las cuales pasó a otra dimensión existencial, a otra dimensión de la Realidad Existencial. De allí nos trae Juan el mecanismo primordial que rige la interacción íntima consciente con Dios, con el proceso ORIGEN del que provenimos y somos partes inseparables, y las orientaciones e información que necesita el ser humano para alcanzar y entender las respuestas a las inquietudes fundamentales de la especie humana en la Tierra, tener la experiencia de vida que desea, y realizar la mejor versión de sí mismo que alcanza a visualizar.

El autor puede ser contactado a través de e-mail,
jcmartino47@gmail.com
Próximamente se iniciará a través de las redes sociales una interacción sobre estos libros y sus tópicos, y la participación del *Modelo Cosmológico Consolidado* al alcance de todos.
Los interesados también tendrán información de acciones, eventos y publicaciones en Youtube,
https://www.youtube.com/channel/UCVoAjWGLbdDMw7s64b qOYjA
En este momento, en Youtube hay algunos videos sobre el calentamiento global en la Tierra que fueron publicados en la primera fase de participaciones, antes de la preparación de los libros.
También podrán acceder al website,
https://www.juancarlosmartino.com

que será rediseñado para apoyar todas las acciones referentes al *Proyecto de Dios y Juan*.

El rediseño de este website se espera ser llevado a cabo hacia el primer semestre del año 2016. Si el rediseño no estuviese listo, al menos habrá una nueva primera página en español para canalizar la información referente al Proyecto y las publicaciones.

Los otros libros del autor listados a continuación se encuentran en versiones de trabajo [doc.] y copias en proceso de revisión. Posteriormente serán preparados en los formatos 6"x9" para su publicación.

Se espera tener el libro 1 del apartado B.(I), *Diosiño, Dos Mil Años Después,* listo y a disposición de los lectores en el segundo semestre de este año 2016.

Los otros libros B.(I).2 y 3, y particularmente los del apartado B.(II) debido a sus extensiones,

¡*Yo Soy Feliz!, Bioelectrónica de las Emociones,* vls. 1 y 2,

serán revisados a finales de este presente año 2016 año y publicados en una primera versión en formato PDF 8.5"x11" para ponerlos pronto a disposición de los lectores. Una segunda versión en formato 6"x9" se preparará y publicará más adelante, y otras versiones para su distribución gratuita.

REFERENCIAS (B).

(I). Al alcance de todos.

1.

Diosiño, Dos Mil Años Después.

Alcanzando por ti mismo las respuestas que el mundo no puede darle a tu corazón de niño.

2.

Recreación del Universo.

Modelo Mecánico Racional del proceso de re-energización de la Unidad Existencial y de transferencia de la información de vida.

Realización de la Teoría de Todo y el Modelo Cosmológico U-nificado Científico-Teológico.

3.

La Alberca del Cielo.

Una exploración inusual de los bellos glaciares del Parque Nacional de las Montañas Rocosas en Colorado.

(II).

Más avanzado, que incluye la primera aproximación al *Modelo Cosmológico Consolidado,*

4.

¡Yo Soy Feliz!

Bioelectrónica de las Emociones, Vols. 1 y 2.

[Estos libros son una recopilación de las primeras reflexiones que complementaron las que dieron lugar a los libros de *Hechos, La Manifestación de Dios Tal Como Sucedió* en referencia al proceso existencial y nuestra relación energética con él, y a nuestro mundo que es como es].

Ciencia y Espiritualidad de las Emociones,

Al alcance de todos, para todos los intereses del quehacer

humano.

Dios, proceso existencial consciente de sí mismo, ¡es real dentro nuestro!

Hoy podemos explorar la inseparable presencia de Dios en la trinidad energética que nos define y el proceso existencial que está codificado en la estructura ADN de la especie humana.

Origen de las emociones en los arreglos biológicos de la especie humana y su función en el control por sí mismo, de sí mismo del ser humano, para el desarrollo de su consciencia, de entendimiento del proceso existencial, la vida, para experimentar, sana y felizmente, la realización de sus deseos y creaciones; y

una motivación íntima, personal, individual, particular, a explorar el proceso existencial del que provenimos, y del que somos partes inseparables, para entender nuestra función y propósitos, individual y colectivo, en él, a través de él, frente a cualquier y todas las circunstancias de vida por las que nos toque pasar.

Volumen 1.
El Ser Humano es una individualización del Proceso Existencial del que proviene a *imagen y semejanza*.
Volumen 2.
¡Yo Soy!
El Creador de Mi Realidad.

OTRAS REFERENCIAS (C).

1.
Conversaciones con Dios, vols. 1, 2 y 3,
Neale Donald Walsch.
G. P. Putnam's Sons Publishers, New York.